Roger Blowey
Klauenpflege bei Rindern
und Behandlung von Lahmheit

Roger Blowey

# Klauenpflege bei Rindern

## und Behandlung von Lahmheit

aus dem Englischen von Claudia Ade

Roger Blowey wuchs auf einem landwirtschaftlichen Familienbetrieb in Devon auf und erwarb an der Universität Bristol den akademischen Grad in Veterinärmedizin und Biochemie. Er arbeitet zur Zeit als Partner in der Wood Veterinary Group, einer Gemeinschaftspraxis in Gloucester. Sein besonderes Interesse gilt der Präventivmedizin sowie den Auswirkungen von Ernährung, Krankheit und Umwelt auf die Produktivität der Nutztiere.

Die Deutsche Bibliothek – CIP-Einheitsaufnahme

**Blowey, Roger:**
Klauenpflege bei Rindern und Behandlung von Lahmheit / Roger Blowey.
Aus dem Engl. von Claudia Ade. - Stuttgart : Ulmer, 1998
Einheitssacht.: Cattle lameness and hoofcare <dt.>
ISBN 3-8001-3206-0


Titel der englischen Originalausgabe: Cattle Lameness and Hoofcare, by Roger Blowey
Erschienen 1993 bei Farming Press, Ipswich/Großbrirannien


Wollgrasweg 41, 70599 Stuttgart (Hohenheim)
Printed in Germany

Einbandgestaltung: Alfred Krugmann
mit einem Foto von Hans Reinhard
Lektorat: Werner Baumeister
Herstellung: Steffen Meier
Druck: Pustet, Regensburg

# Vorwort

In den vergangenen 25 Jahren hat sich im Bereich der Milchwirtschaft sehr viel getan. Es gab einschneidende Veränderungen hinsichtlich Haltung, Fütterung usw, und diese hatten wiederum Auswirkungen auf die Milchkühe und nicht zuletzt auf den Milchertrag. Die heutigen Landwirte erwarten diesbezüglich sehr viel von ihren Kühen.

Daher wird das Betriebsmanagement immer wichtiger. Der Landwirt selbst kann Klauenerkrankungen und -probleme durch Haltung und Fütterung, trockene und saubere Unterbringung, Anwendung von Klauenbädern sowie vernünftige Züchtung auf ein Minimum reduzieren. Bei der in diesem Buch beschriebenen Haltungsweise spielt die Klauenpflege eine ganz wesentliche Rolle.

An dieser Stelle möchte ich die Bedeutung des präventiven Beschneidens der Klauen hervorheben. Es ist eine bekannte Tatsache, daß an den Klauen Wucherungen auftreten können, die schließlich durch Sohlengeschwüre und Schädigungen der weißen Linie (*Linea alba*) zu Lahmheit führen können. Werden die Klauen regelmäßig gepflegt, so können Sohlengeschwüre vermieden werden. Sobald Quetschungen an der Lederhaut auftreten, ändert die Kuh ihre Haltung und Gangart, um die Schmerzen zu verringern. Wenn der Landwirt diese Veränderungen bemerkt, hat er guten Grund die Klauen zu trimmen. Vorsorge ist besser als Therapie.

In den Niederlanden ist es allgemein üblich, die Klauen von Kühen zweimal im Jahr zu schneiden, vorzugsweise im Frühjahr und Herbst. Trotz alledem bleibt Klauenrehe eine schwerwiegende Erkrankung, die sehr viel Aufmerksamkeit erfordert. Es ist schwierig, einzelnen Fällen vorzubeugen, wenn die gesamte Herde davon betroffen ist. In diesem Buch beschreibt Roger Blowey auf eindrucksvolle Weise die einzelnen Klauenerkrankungen sowie deren Behandlung und Vorbeugung.

Die Lektüre seines Buches hat mir sehr viel Freude bereitet und ich bin der Meinung, daß damit ein bedeutender Beitrag zur sachgerechten Klauenpflege in landwirtschaftlichen Betrieben geleistet wurde.

Pieter Kloosterman,
Lehrkraft für Hufpflege im Dairy Training Centre Friesland (DTC-Friesland), Oenkerk, Niederlande

# Danksagung

Die Fotos in diesem Buch wurden alle während meiner alltäglichen Praxistätigkeit auf Höfen aufgenommen, und ich möchte mich noch einmal für die Geduld und das Verständnis bedanken, das mir die zahlreichen Landwirte in Gloucestershire entgegengebracht haben, obwohl ich sie oftmals zu den ungünstigsten Tageszeiten warten ließ, um meine Kamera zu holen! Dieses Buch ist ihnen gewidmet.

Mein besonderer Dank gilt außerdem Jane Upton für ihre ausgezeichneten Abbildungen sowie Catherine Girdler, die mit fachmännischem Können das Manuskript getippt hat. Sie beide haben einen großen Beitrag zu diesem Buch geleistet.

Mein Dank gilt außerdem Bob Ward für seine lehr-und aufschlußreichen Diskussionen, David Logue, Susan Kempson, Janet O'Connell und David Pepper für die Verwendung ihrer Materialien, den Angestellten von Farming Press für ihre Geduld und Unterstützung während der Vorbereitungen zu diesem Buch und nicht zuletzt Pieter Kloosterman, der das Manuskript gelesen und das Vorwort dazu geschrieben hat. Dank gebührt ebenfalls der Veterinary Record and Wolfe Publications, die einen Teil der Fotografien schon zuvor in „In Practice, A Colour Atlas of Diseases and Disorders of Cattle" und in „Self-Assessment Tests in Veterinary Medicine" veröffentlicht haben. Schließlich möchte ich mich bei meiner Frau Norma für ihre beständige Toleranz, Geduld und Unterstützung bedanken.

Meinen Eltern gewidmet

# Inhaltsverzeichnis

**Häufigkeit und Kosten von Lahmheit 8**

**Aufbau und Funktion des Fußes 10**
Die Klaue 11
Das Peripolum 11
Das Wandsegment 12
Die Sohle 13
Der Ballen 15
Die Lederhaut 16
Knochen und damit verbundene Strukturen 16
Das Klauenbein 16
Das Ballenpolster 18
Die Sehnen 18
Das Sesambein 19
Der Schleimbeutel 19
Das Klauengelenk 19

**Hornbildung und Klauenrehe (Laminitis, Coriitis) 19**

**Gewichtsverteilung an der Fußungsfläche 26**

**Übermäßiges Klauenwachstum 29**
Übermäßiges Zehenwachstum 29
Übermäßiges Sohlenwachstum 33
Unterschiedliche Klauengröße 33

**Klauenpflege 35**
Erforderliche Ausrüstung 35
Das Anbinden der Kuh 37
Die Technik des Klauenschneidens 39
Der richtige Zeitpunkt für die Klauenpflege 44

**Häufige Klauenerkrankungen 45**
Abszesse in der weißen Linie 45
Penetration der Sohle durch Fremdkörper 49
Sohlengeschwür (Rusterhalbsches Sohlengeschwür) 50
Hämorrhagien an der Sohle 53
Limax, Zwischenklauenwulst (Hyperplasia interdigitalis) 54
Panaritum (Interdigitale Nekrobazillosis, Phlegmona interdigitalis) 56
Dermatitis Digitalis 57
Schlammfieber 59
Ballenfäule (erosio ungulae) 60
Vertikale Risse oder Fissuren 61
Horizontale Risse 61
Fraktur des Klauenbeins 62
Verbände, Blöcke und Schuhe 63
Hufverbände 63
Holzblöcke 63
Gummiblöcke 65
Schutzschuhe aus Kunststoff 66

**Ursachen und Vermeidung von Lahmheit 67**
Ernährungsfaktoren 67
Pansenazidose 67
Bakterielle Endotoxine 68
Futtermenge und Fütterungszeit 69
Futterfett 69
Nahrungsumstellung beim Kalben 69
Rohprotein 71
Fütterung während der Aufzucht 71
Kondition der Kuh 71
Zink, Schwefel und Bioti, 72
Haltungsfaktoren im Stall 72
Liegezeit 72
Anlage der Liegeboxen 73
Gewöhnung der Färsen 77
Verhalten der Kühe 78
Management-Faktoren 78
Nasser Untergrund und Gülle 78
Bodenunebenheiten 79
Rinderwege 79
Zu viel Auslauf
Trockenstehende Kühe 80
Toxische und sonstige Faktoren 80
Änderungen in der Abkalbezeit 81
Wiederholtes Trauma 81
Zucht 82
Klauenbäder 82
Klauenpflege 82

Verwendete und weiterführende Literatur 84
Register 85

# Häufigkeit und Kosten von Lahmheit

Jeder Landwirt weiß, daß Lahmheit bei einer Milchkuhherde immer mit größeren Kosten verbunden ist. Diese „Kosten" setzen sich aus drei Komponenten zusammen:

- die wirtschaftlichen Verluste, die aus der verringerten Produktion entstehen;
- die Kosten für Arbeitskräfte, die sich mit der Pflege und Behandlung chronisch lahmer Tiere befassen;
- zusätzliche Kosten aufgrund des eingeschränkten Wohlbefindens der betroffenen Kuh.

Das Auftreten von Lahmheit und deren Behandlung stellt auch ein Tierschutzproblem dar. Es ist die Krankheit, die – nach Mastitis und Fruchtbarkeitsstörungen – die höchsten Ertragseinbußen bei einer Milchkuhherde verursacht. Im schlimmsten Fall müssen die betroffenen Kühe notgeschlachtet werden. Dies erhöht die gesamte Merzquote und damit die Kosten für die Bestandsergänzung. Die Kühe, die behandelt werden können, erleiden oftmals hohe Gewichtsverluste, der Milchertrag geht zurück und bei langwierigen Fällen wird in der frühen Laktationsperiode die Fruchtbarkeit in Mitleidenschaft gezogen. Zusätzlich dazu entstehen noch Behandlungskosten, sei es durch Arbeitskräfte auf dem Hof oder durch einen Tierarzt. Wenn Antibiotika verabreicht werden, muß die Milch eventuell verworfen werden.

Eine der dramatischsten Veränderungen, die mit einer Lahmheit einhergehen, ist zweifellos der große Gewichtsverlust der Kühe. Es ist erstaunlich, wie viele Kühe, vor allem im Frühstadium einer Lahmheit, die Milchleistung halten, jedoch stark an Gewicht verlieren. Landwirte, die über einen computergesteuerten Futterautomaten außerhalb des Melkraums verfügen, haben berichtet, daß bereits 24 Stunden vor dem Auftreten einer Lahmheit, die Futteraufnahme reduziert war.

Eine kürzlich durchgeführte Studie (30, 60)* über Weidetiere zeigte, daß lahmende Kühe längere Liegeperioden hatten, weniger Zeit mit Grasen verbrachten und langsamer grasten. Lahmende Kühe verlieren ihr Durchsetzungsvermögen und sinken in der sozialen Rangordnung schließlich ab. Sie gehen später in den Melkstand und verhalten sich darin unruhiger als gesunde Tiere. Es überrascht nicht, daß die Fruchtbarkeit ebenfalls in Mitleidenschaft gezogen wird.

Die Ergebnisse einer detaillierten Studie von 427 Fällen von Lahmheit bei 17 Milchkuhherden in Somerset (19) zeigten, daß die betroffenen Kühe zwischen 0 und 40 Tage (durchschnittlich 14 Tage) länger brauchten, um wieder trächtig zu werden, je nach Laktationsstadium zum Zeitpunkt der ersten Lahmheitsanzeichen sowie abhängig von der Ursache und dem Schweregrad der Lahmheit. Manche Kühe konnten nicht geheilt werden. Folglich stieg die Merzrate dementsprechend an. Die Erträge sanken um 1 bis 20%, jeweils abhängig vom Schweregrad der Lahmheit.

Eine Kuh in der späten Laktationsperiode, die nur geringfügiges Panaritium oder eine digitale Dermatitis aufweist, kann ganz leicht und praktisch ohne jegliche Nebenwirkungen behandelt werden. Eine schwere eitrige Klauenlederhautentzündung bei gleichzeitiger Sekundärinfektion des Schleimbeutels, des Sesambeins oder des Klauengelenks kann den Verlust der Kuh und somit schwerwiegende Ertragseinbußen zur Folge haben.

Die Häufigkeit, mit der Lahmheit auftritt, ist von Betrieb zu Betrieb verschieden. Bei den Herden unter Leistungsprüfung liegen die betreffenden Prozentzahlen zwischen 4 und 55% (56). Diese beträchtliche Variation ist von der Methode der Erfassung der Daten abhängig. Werden Praxisberichte von Tierärzten verwendet, erhält man niedrigere Raten (4,7-5,5 %) (24, 55). Erfaßt man jedoch zusätzlich zu den tierärztlichen Behandlungen die Angaben des Stallpersonals oder Tierhalters, so werden jährlich annähernd 25 % der nationalen Kuhpopulation wegen Lahmheit behandelt (3, 61). Diese Häufigkeitsrate war Ende der achtziger bzw. Anfang der neunziger Jahre über mehrere Jahre hinweg konstant (35).

Bei wesentlich mehr Kühen müssen die Klauen zur Korrektur geschnitten werden.

Eine Ende der siebziger Jahre durchgeführte Umfrage (55) ergab, daß nur etwa 12 % der gesamten registrierten Gliedmaßenerkrankungen durch Lahmheiten verursacht wurden,* wobei es sich hauptsächlich um Verletzungen handelte, die beim Kalben entstanden waren. Das bedeutet, daß 88% der Lahmheiten mit der Klaue in Verbindung zu bringen sind. In der Mehrzahl dieser Fälle (86%) waren die Hinterfüße betroffen, wobei die Außenklaue (85%) am häufigsten befallen war. Da die Behandlung und Ruhigstellung der Vorderfüße viel mehr Schwierigkeiten bereitet, hat es durchaus sein Gutes, daß sie nicht so häufig betroffen sind!

Die Kosten für die Milchwirtschaft, die durch Klauenerkrankungen und dadurch verursachte Lahmheiten entstehen, gehen in die Millionen. Hierbei sind weder die Pflege der Kühe noch die zusätzliche Arbeit und Frustration, die dem Herdenbesitzer bei der Behandlung und Pflege dieser Kühe entstehen, berücksichtigt.

Was kann man also gegen diese kostspielige Erkrankung unternehmen? Ziel dieses Buches ist es, dem Leser ein besseres Verständnis für die Anatomie des Fußes sowie für seine Bedeutung zu vermitteln, aufzuzeigen, was bei Deformation der Klaue durch übermäßiges Hornwachstum geschieht und wie dies zur Destabilisierung des Fußes beiträgt, die Grundlagen der Klauenpflege zu diskutieren und beschreiben; die vielfältigen Ursachen von Lahmheiten zu erklären und darzustellen und schließlich die wichtigen Aspekte zur Vermeidung von Lahmheit zu prüfen.

* Die Zahlen in Klammern beziehen sich auf das Literaturverzeichnis.

# Aufbau und Funktion des Fußes

Beim Lesen des vorliegenden Buches werden Sie auf viele Fachbegriffe stoßen. Sie wurden verwendet, um bei den Beschreibungen eine größere Genauigkeit zu erzielen und nicht etwa, um den Leser zu verwirren. Durch die anfängliche Erklärung und Definition der Fachbegriffe und ihre wiederholte Verwendung im Text werden sie für den Leser hoffentlich leicht verständlich und Teil seiner »Umgangssprache« werden.

Der Fuß besteht aus zwei separaten, paarigen Zehen. Die Klauen stellen das Zehenendorgan der paarigen Zehe des Rindes dar. Es wird zwischen der Außen- oder lateralen Klaue und der Innen- oder medialen Klaue unterschieden. Abbildung 1 zeigt den rechten Hinterfuß eines Rindes von unten und von der Seite aus gesehen. Hierbei ist zu beachten, daß die Außenklaue etwas größer ist als die Innenklaue. An den Vordergliedmaßen ist es genau umgekehrt: die Innenklaue ist größer als die Außenklaue. Die Außenwand der Klauen wird als abaxiale Wand bezeichnet, die Innenwand, die gegenüber dem Zwischenklauenspalt liegt, als axiale Wand. Der Raum zwischen den Klauen wird als Zwischenklauenspalt bezeichnet, welcher die beiden Ballen voneinander trennt. Der vordere Teil der Klaue wird als Vorderwand (Dorsalwand) und der hintere – am Ballen – als Trachtenwand bezeichnet.

Die beiden Klauen entsprechen – in stark modifizierter Form – dem zweiten und dritten Finger des Menschen (Abbildung 2), dessen Nagel die Fingerspitze vollständig bedeckt. Der erste und vierte Finger haben ihre Entsprechung in Afterklauen, während der Daumen vollständig verschwunden ist.

Eine Klaue setzt sich aus drei grundlegenden Gewebsbestandteilen zusammen (Abbildung 3). Von außen nach innen, sind dies:

- Klauenschutz, harte Außenhülle des Fußes,
- Lederhaut oder Corium, eine Stützstruktur, die Nerven und Blutgefäße enthält und die Nährstoffe zur Hornbildung befördert,
- Klauenbein, Sesambein des Fußes und die damit verbundenen Strukturen.

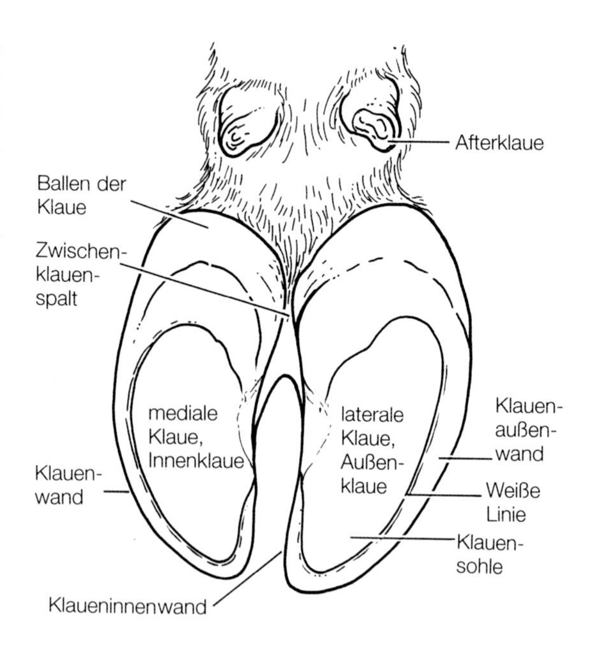


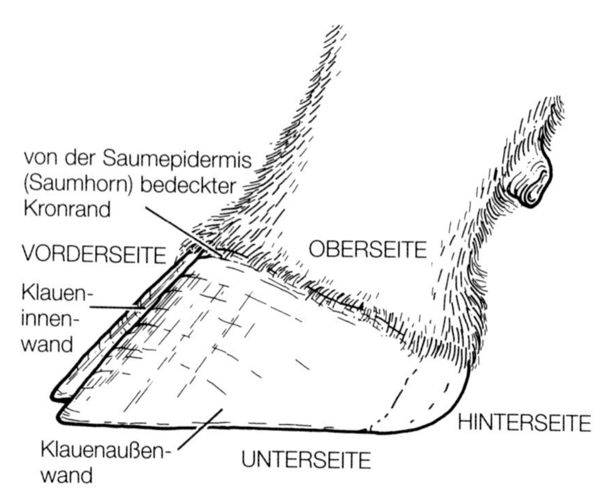


**Abb. 1: Darstellung des rechten Hinterfußes, von unten (Darstellung oben) und von der Seite aus (Darstellung unten) mit Angabe der Fachbegriffe.**

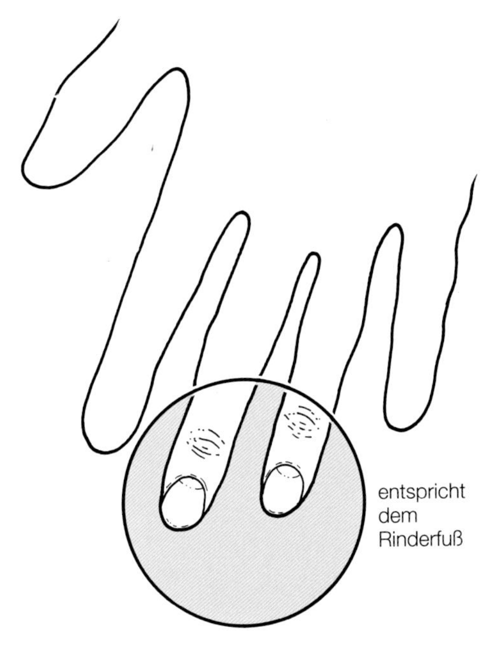


**Abb. 2: Die menschliche Hand im Vergleich zum Rinderfuß.**

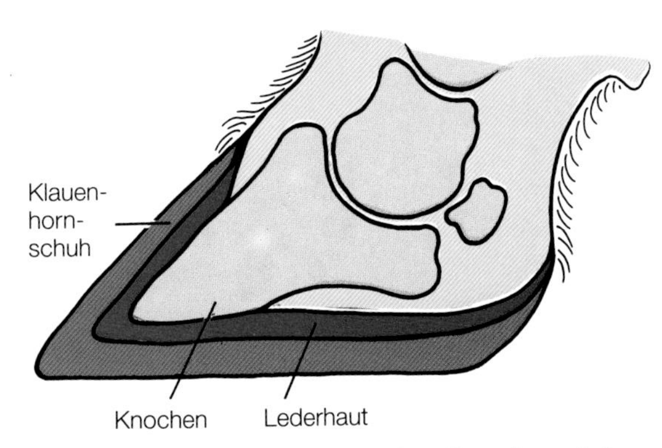


**Abb. 3: Die drei Gewebearten des Fußes: Klauenhornschuh, Lederhaut und Knochen.**

Das Horn der Klauen entspricht – in stark modifizierter Form – der obersten Hautschicht (oder Epidermis ), die gedehnt und mit einem Härtemittel, dem sogenannten Keratin, imprägniert wurde. Die Lederhaut entspricht der Dermis oder unteren Hautschicht und liefert die nötigen Nährstoffe für den Huf, obwohl sie weder der Sekretion noch der Produktion des Klauenhorns dient. In Fachtexten werden Huf und Lederhaut in verschiedene Schichten unterteilt. Diese sind im folgenden aufgelistet:

**Klaue** (Epidermis):
- Stratum corneum (Hornschicht)
- Stratum granulosum (Körnerzellenschicht)
- Stratum spinosum (Stachelzellenschicht)
- Stratum germinativum (Keimschicht)

**Basalmembran** (der Übergang zwischen Epidermis und Lederhaut)

**Lederhaut** (Dermis):
- Stratum lamellatum (Laminae) oder papillarae (Papillen)
- Stratum vasculosum
- Stratum periostale (Periost)

## Die Klaue

Die Klaue läßt sich in vier Segmente unterteilen:
- das Perioplum (Saumepidermis; Saumhorn)
- die Wand
- die Sohle
- der Ballen

### Das Perioplum (Saumhorn)

Auf Abbildung 1 ist deutlich zu erkennen wie die Saumepidermis, ein unbehaarter Streifen aus weichem Horn, die Klauenwand von der Haut am

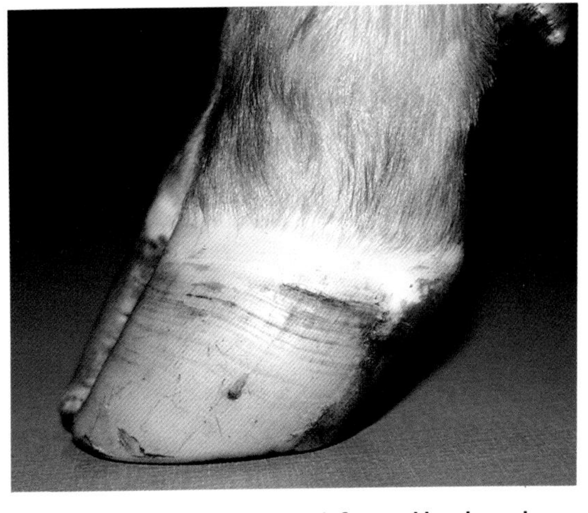

**Abb. 4: Seitenansicht der Klaue mit Saumepidermis sowie der steil ansteigenden vorderen Klauenwand (Dorsalwand).**

Kronrand trennt. Sie verläuft durchgehend von einer Klaue zur anderen und endet im Hornballen. Die Saumepidermis ist für den weichen, wachsartigen Überzugverantwortlich, der die Vorderseite gesunder Klauen bedeckt. Seine Funktion ist es, übermäßigen Wasserverlust zu verhindern und somit die Klaue geschmeidig zu erhalten. Leider beeinträchtigen zunehmendes Alter und ein heißer, trockener oder sandiger Untergrund seine Funktion. Wird das Horn der Saumepidermis, z.B. bei sehr trockenen Witterungsverhältnissen, beschädigt, so können in der Klauenwand vertikale Risse oder Fissuren entstehen (siehe Abbildung 114).

## Das Wandsegment

Die Klauenwand wird von den Papillen gebildet, kleinen fingerartigen Fortsätzen der Lederhaut, die sich unterhalb des Kronrandes befinden. Auf Abbildung 5 und den Abbildungen 6 und 13 kann man erkennen, daß die Wand an dieser Stelle dünner ist. Die Papillen werden vom Stratum germinativum (Keimschicht der Epidermis) bedeckt. Diese stellt die mikroskopische Grundschicht dar, die zur Hornbildung notwendig ist.

Diese Zellen füllen sich mit einem schwefelhaltigen Härtemittel (der onychogenen oder hornbildenden Substanz), welches im Stratum spinosum heranreift, um dann Keratin, eine äußerst harte Substanz, zu produzieren. Die Entwicklung des Keratins umfaßt die Oxydation der schwefelhaltigen Aminosäure Zystein zur Bildung von Zystin.

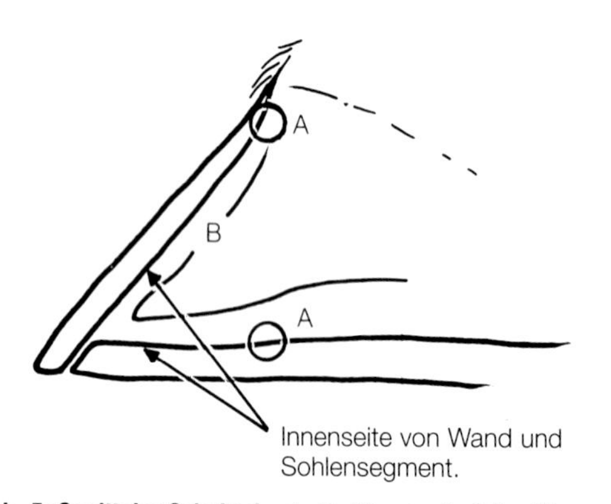


**Abb. 5: Sagittaler Schnitt durch die Klaue mit: A Papillen am hornbildenden Bereich; B Laminae.**

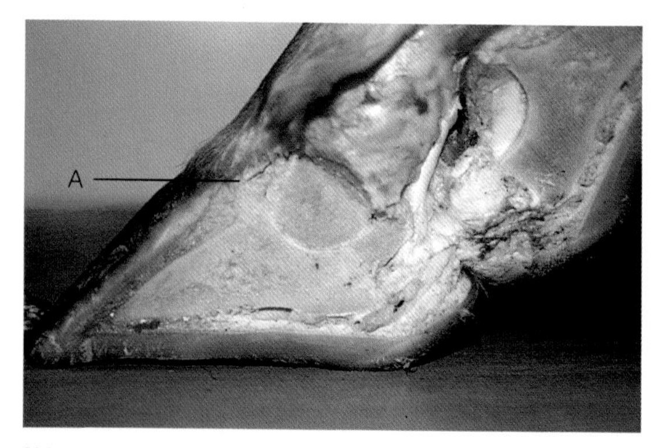


**Abb. 6: Querschnitt durch den Huf. Im Bereich der Papillen, genau unterhalb des Kronrands (A) ist die Hufwand dünner. Die starke, grellweiße Beugesehne verläuft hinter dem Sesambein bis ans untere Ende des Klauenbeins.**

Der größte Teil der Klauenwand besteht aus dem Stratum corneum, der reifen, gehärteten Schicht.

Keratin findet sich ebenfalls in den Haaren, im Zahnschmelz und, in geringeren Mengen, in den oberen Schichten der Haut. Zu seiner Verstärkung sind die Hornzellen in einer Reihe von Röhrchen oder Tubuli angeordnet, deren Wachstum durch einen Abstoßungsvorgang von den Papillen aus geschieht (Abbildung 7). Die Horntubuli werden von weiteren keratinhaltigen Zellen zusammengehalten, die seitlich und am unteren Ende der Papillen sitzen und Zwischenröhrchenhorn produzieren (Abbildung 7).

Die Tubuli verlaufen in Längsrichtung an der Vorderseite der Klaue sowie in vertikaler Richtung durch die Sohle. Das Zwischenröhrchenhorn ist weicher als das Röhrchenhorn, jedoch ist die Anzahl der Horntubuli in einer Klaue von Geburt an festgelegt. Das bedeutet, daß das Klauenwachstum durch eine Vermehrung des Zwischenröhrchenhorns vor sich geht. Somit ist eine sehr große, flache Klaue bei einer Kuh im allgemeinen weicher und schwächer als die kleine, kompakte Klaue einer Färse.

Nach ihrer Bildung schiebt sich das Wandsegment langsam über die Vorderseite der Klaue nach unten und zwar mit einer Geschwindigkeit von annähernd 5 mm pro Monat. Da der Abstand zwischen Kronrand und der Verschleißstelle an der Zehe ungefähr 75 mm beträgt bedeutet dies, daß das Horn erst 15 Monate nach seiner Produktion einem Verschleiß unterliegt (75 mm geteilt durch 5 mm pro Monat).

Die Klauenwand muß mit den darunterliegenden Strukturen, die sie schützen soll, fest verankert sein

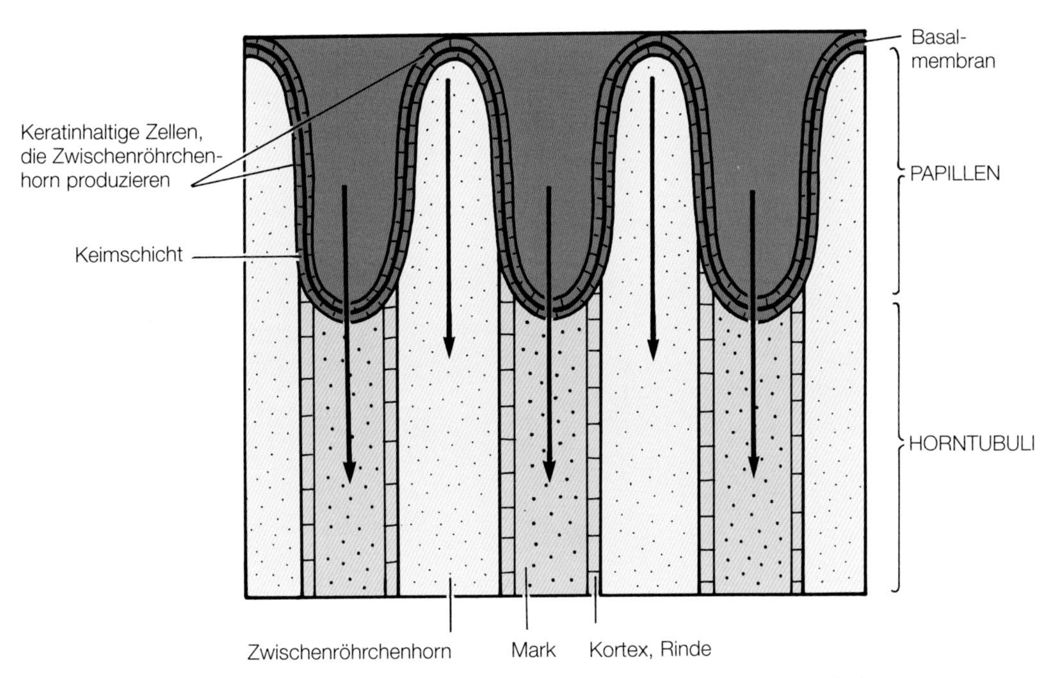


**Abb. 7: Detaillierter Aufbau der Papillen, welche die Horntubuli und das Zwischenröhrchenhorn produzieren.**

und muß doch gleichzeitig etwas Bewegungsfreiheit gewährleisten, um ihrer Aufgabe als Stoßdämpfer bei der Fortbewegung gerecht zu werden. Diese beiden Funktionen werden durch eine Reihe ineinander verzahnter Blättchen ausgeübt, den sogenannten Laminae (Lamellen), die an der Innenseite der Klauenwand verlaufen. Abbildung 8 zeigt das ausgehöhlte Exemplar einer Klaue, dessen Laminae deutlich zu erkennen sind. Insgesamt sind es ungefähr 1300 Laminae, die wie Schuppen bei einem Fisch angeordnet sind und die alle schon bei der Geburt vorhanden waren.

**Abb. 8: Eine geöffnete Klaue zeigt die rosa gefärbten Laminae, die sich an der Innenseite der Klauenwand entlangziehen, und die Position des Klauenbeins in der Klaue.**

Abbildung 8 Ausgeschuhtes Exemplar eines Klauenhornschuhs, auf dem die rosafarbenen Laminae an der Innenseite der Klauenwand (A) sowie die Lage des Klauenbeins in der Klaue deutlich zu erkennen sind.

Die Bewegung der Klaue über die Laminae hinweg wird oftmals mit einem Stück Wellpappe (der Wand) verglichen, das sich über ein zweites, festsitzendes Stück (Abbildung 9) hinweg bewegt. Die einzelnen Furchen der Laminae sind natürlich viel tiefer als die der Wellpappe, so daß sie eine größere Stützfunktion und Haftung gewährleisten.

## Die Sohle (Fußungsfläche)

Das Horn der Sohle wird von den Papillen der Sohle gebildet und setzt sich somit aus Horntubuli und einer Zwischenröhrchenmatrix zusammen (Abbildung 10). In der Sohle gibt es keine Laminae und das Horn wächst direkt unterhalb des Klauenbeins nach unten. An der Stelle, wo das Horn der

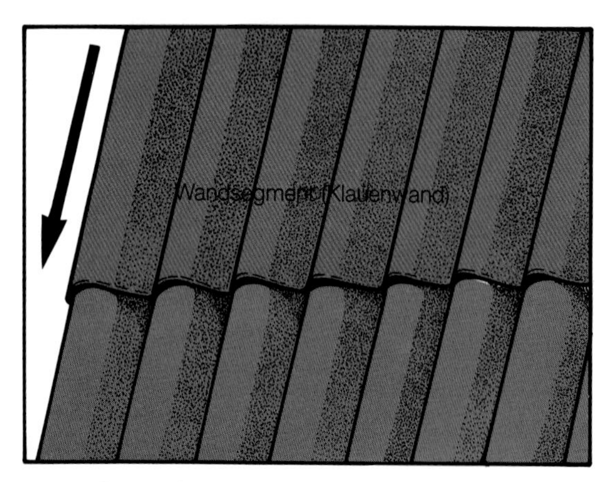


**Abb. 9: Schematische Darstellung der Laminae – eine Schicht wie Wellpappe schiebt sich über die andere hinweg.**

**Abb. 10: Aufbau von Wandsegment, Sohle und weißer Linie.**

Hufwand und das Horn der Sohle aufeinandertreffen, besteht ein fester Übergang, die sogenannte weiße Linie (Linea alba). Diese kann man deutlich auf den Abbildungen 13, 16 und 62 erkennen. Sie verläuft vom Ballen bis zur Klauenspitze und dann wieder zurück entlang dem ersten Drittel der Hufinnenwand, bis diese keine belastbare Fläche mehr darstellt. Da es sich um eine Verbindungsstelle handelt, stellt sie natürlich einen Schwachpunkt dar, wo sich oftmals Fremdkörper verkeilen oder Infektionen ihren Anfang nehmen.

Weshalb ist die weiße Linie weiß? Wahrscheinlich weil die Bewegung der Wand über die Laminae hinweg dadurch zustandekommt, daß die Laminae geringe Mengen an Horn produzieren, die manchmal auch als Hornblättchenzellen (40) bezeichnet werden. Eine schematische Darstellung ihrer Lage findet sich in Abbildung 10. Die von den Laminae produzierten Hornblättchen bestehen aus

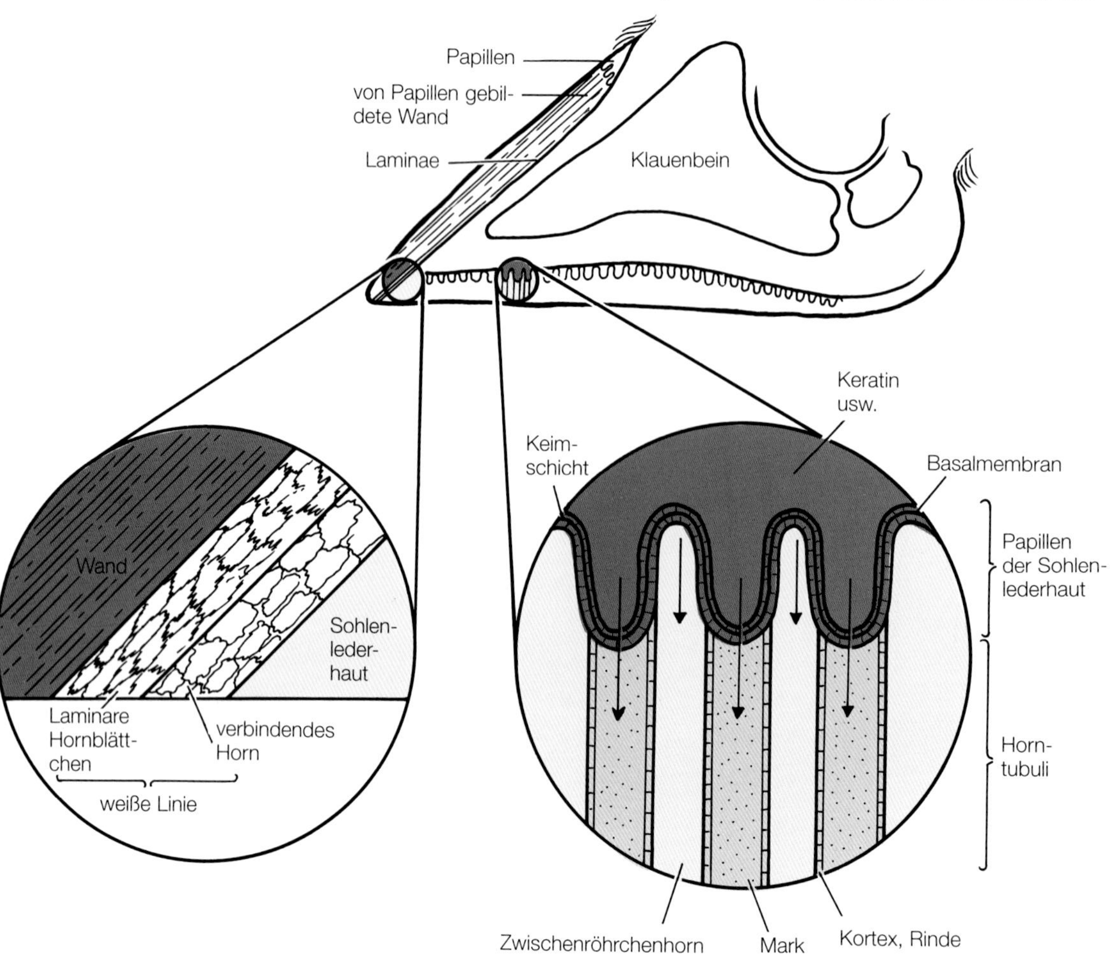

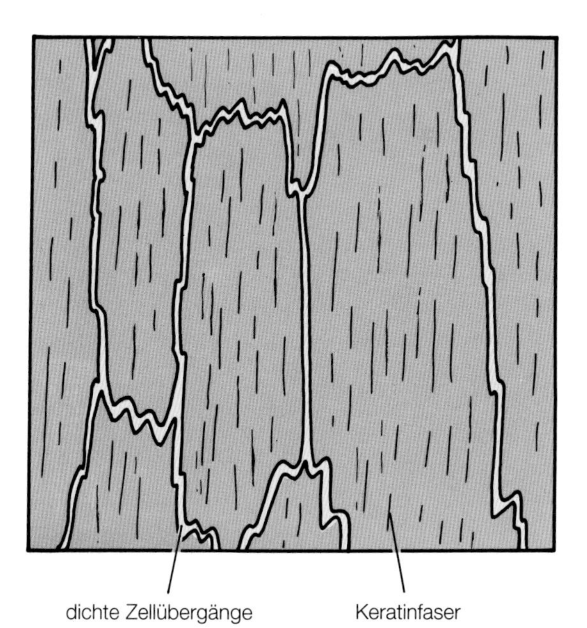


**Abb. 11: Gut organisierte, verlängerte Plattenepithelzellen aus den laminaren Hornblättchen. Die Keratinfasern sind gerade, die Zellübergänge sind dicht (D. Logue und S. Kempson).**

langen, dünnen Zellen, die parallel zueinander verlaufen (Abbildung 11). An der Stelle, wo die Laminae der Klauenwand enden und die Papillen der Sohle beginnen, befindet sich ein kleiner dazwischenliegender Bereich, der »Horn als Kittmaterial« produziert, d.h. Horn, welches Klauenwand und Sohle miteinander verbindet.

Es besteht aus abgeflachten, unregelmäßig geformten Zellen, die wiederum Keratin enthalten (Abbildung 12).

In diesem Abschnitt der weißen Linie befinden sich keine Horntubuli. Diesen Umstand sowie die

**Abb. 13: Querschnitt durch die Klaue. Deutlich sichtbar die weiße Linie und deren Übergang zum Wandsegment.**

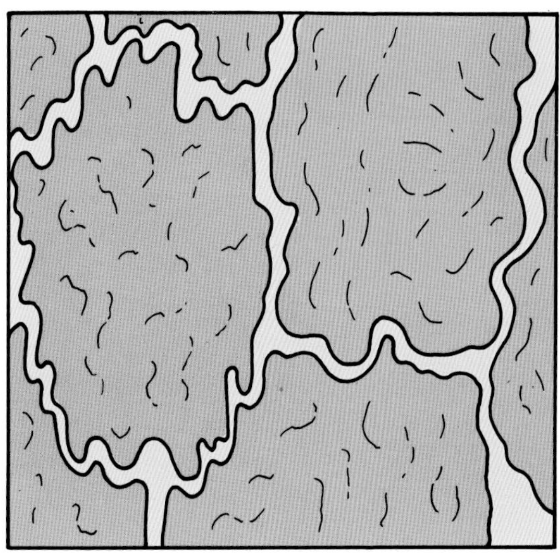

**Abb. 12: Abgerundete Plattenepithelzellen aus dem verbindenden Horn. Keratin ist vorhanden, die Fasern sind jedoch nicht verlängert (D. Logue und S. Kempson).**

Form der verbindenden Hornzellen macht man gemeinsam verantwortlich für diese Schwachstelle, aber auch für den geringen Bewegungsspielraum unter Belastung und die Fähigkeit, während Ruhepausen in die Ausgangsform zurückzukehren (36).

Wir haben bereits gesehen, wie der Keratinisierungsprozeß (Verhornungsprozeß) in der inneren Hornschicht seinen Anfang nimmt, die vollständige Keratinreifung jedoch erst in den äußeren Schichten (dem Stratum corneum) geschieht. Die unteren Schichten der Laminae sind ebenfalls nicht pigmentiert. Somit besteht die weiße Linie aus unreifen laminaren Hornblättchen, die durch verbindendes Horn an der Sohle anhaften. Dieses unreife Horn ist nicht pigmentiert, daher die Bezeichnung »weiße« Linie. Es ist auch nicht vollständig keratinisiert und daher wesentlich schwächer. Auf Abbildung 13 ist der Übergang von der Wand zum Horn der weißen Linie deutlich zu erkennen.

## Der Ballen

Der Ballen ist ein abgerundeter, mit weicherem Horn überzogener Bereich, der die Verlängerung der Saumhornschicht darstellt. Aufgrund seiner Beweglichkeit, wird der Ballen bei Belastung zusammengedrückt und erlangt seine Normalform zurück, sobald der Druck nachläßt. Diese ständigen Formveränderungen üben jedoch einen beträchtlichen Druck auf die angrenzende, starre Hufwand aus. Dies ist vermutlich der Grund dafür, warum Erkrankungen der weißen Linie (Verkeilungen und Infektionen) viel häufiger an der Klauenaußenwand, am Übergang von der Sohle zum Ballen, auftreten als irgendwo sonst an der Klaue (Stelle Nr. 1, Abbildung 68) (48).

## Die Lederhaut

Die zweite Gewebsart in der Klaue ist die Lederhaut oder das Corium, welche die modifizierte Dermis der Haut darstellt (der Klauenschuh ist die modifizierte Epidermis). Die Lederhaut bildet das Stützgewebe des Hufes. Sie enthält Nerven und Blutgefäße für die Klaue und das Klauenbein und befördert die Nährstoffe, die zur Hornbildung und zur Versorgung des Periost, welches das Klauenbein umgibt, notwendig sind. Im Gegensatz zum abgestorbenen Horn des Hufes lebt das Corium. Bei Verletzungen blutet es und verursacht Schmerzen.

Die Lederhaut überzieht die gesamte Innenseite der Klaue wie auf Abbildung 3 und den Abbildungen 6 und 13 zu erkennen ist. Im Bereich des Kronrandes nimmt es die modifizierte Form fingerähnlicher Fortsätze (Papillen) an, die wie Zapfen die darüberliegende Hornschicht durchdringen. Die Epidermis, die diese Papillen bedeckt, ist die Grundstruktur zur Hornproduktion für die Klaue. Die Blutgefäße der Lederhaut befördern die Nährstoffe, die zur Hornbildung erforderlich sind. Weiter unten an der Wand und unterhalb der Papillenschicht nimmt die Lederhaut die modifizierte Form der Laminae-Blätter an. Letztere sind mit den entsprechenden Laminae des Klauenhornschuhs verzahnt und bilden ein festes Aufhängesystem, welches das Körpergewicht der Kuh tragen kann.

Am Ballen ist die Lederhaut mit Fett-, Faser- und elastischem Gewebe durchsetzt und bildet das sogenannte Ballenpolster. Auf Abbildung 6 sieht man kleine Bereiche von gelbem, elastischem Gewebe. Das Ballenpolster fungiert als äußerst wichtiger Stoßdämpfer bei Belastung und Fortbewegung. Da es von flexiblem Fersenhorn überzogen ist, läßt es sich zusammendrücken, so daß Erschütterungen des Skeletts verhindert werden. Sobald es keiner Belastung mehr ausgesetzt ist, nimmt es seine ursprüngliche Form wieder an.

Für die Hornbildung ist es von großer Bedeutung, daß die Blutversorgung der Klaue auf angemessene Art aufrechterhalten wird; dies ist jedoch schwierig, da auf den Klauen das gesamte Körpergewicht des Tieres lastet. Drei Hauptmechanismen sind daran beteiligt:

1. Das Ballenpolster fungiert als Pumpe, die das Blut aus dem Huf in den Kreislauf zurückbefördert. Besonders am Hinterfuß kommt der Ballen als erster in Bodenkontakt, wodurch die Pumpaktivität ausgelöst wird. Bewegungsmangel beeinträchtigt den Blutkreislauf erheblich.
2. Die sehr kleinen Blutgefäße (Kapillaren) in der Lederhaut werden durch Muskelaktivität gedehnt bzw. zusammengezogen, sobald die Klauen belastet werden. Bei Klauenrehe wird diese Muskelaktivität durch Toxine zerstört.
3. Es gibt Umleitungsmechanismen, die sogenannten arteriovenösen Shunts (Kurzschlüsse), welche bei Belastung das Blut oberhalb der Klauen ableiten, anstatt durch die Kapillaren der Lederhaut. Wenn jedoch die Lederhaut durch Klauenrehe geschädigt wurde (bei Pferden vor allem), kann es vorkommen, daß der Shunt zu lang geöffnet bleibt und es als Folge davon zu einer Blutansammlung in den Kapillaren , einer verminderten Sauerstoffversorgung der Gewebe und schließlich zu einer reduzierten Hornbildung kommt.

## Knochen und damit verbundene Strukturen

Die dritte Gewebeart, die tief im Innern des Hufes liegt, sind das Klauenbein und die damit verbundenen Strukturen.

### Das Klauenbein

Der bedeutendste Knochen ist das Klauenbein, welches dem letzten Knochen unserer Fingerspitzen

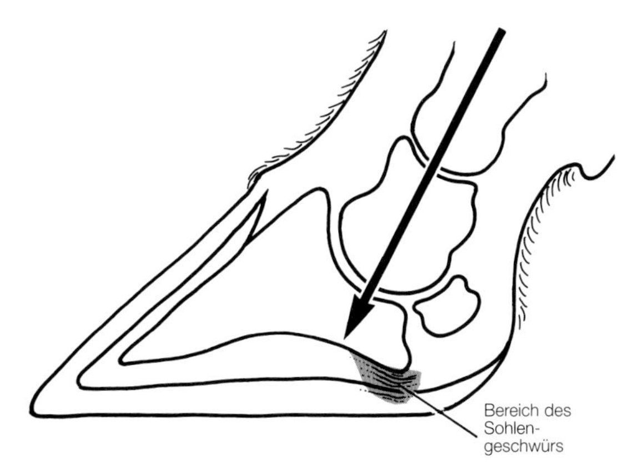


**Abb. 14: Gewichtsbelastungen, die über die Gliedmaßen nach unten geleitet und teilweise auf das hintere Ende des Klauenbeins übertragen werden, können die Lederhaut quetschen und schädigen.**

**Abb. 15: Eine ausgeschuhte Klaue, mit Innenansicht eines Klauenbeins mit dessen Bogen. Übermäßige Gewichtsbelastung an der hinteren Kante des Klauenbeins kann zu Quetschungen oder einem Sohlengeschwür führen.**

entspricht (Abbildung 2) und als dritter Zehengliedknochen bezeichnet wird. Das Klauenbein liegt ziemlich weit vorne in der Klaue und ist nur durch eine dünne Lederhautschicht vom Horn der Zehen getrennt. Die Laminae kommen in größeren Zahlen auf den Vorder- und Außenseiten der Klaue vor; daher ist das Klauenbein an diesen Stellen in der Klaue aufgehängt. Dieser zunehmend »feste Sitz« zur Klauenspitze hin ist auf Abbildung 3 deutlich zu erkennen, während auf Abbildung 8 die Verbindung mit den Laminae der Klauenaußenwand dargestellt ist. Beim Gehen bewegt sich daher das Klauenbein an den Zehen und der Klauenaußenwand verhältnismäßig wenig, die Bewegung steigert sich jedoch nach hinten auf den Ballen und nach innen auf den Zwischenklauenspalt zu.

Außerdem tritt in der Außenklaue das Klauenbein teilweise mit der Sohle in Kontakt, während es in der Innenklaue viel enger mit der Wand verbunden ist und somit unter Belastung weniger Druck auf die Sohle ausübt (58). Das könnte eine Antwort auf die Frage sein, warum Sohlengeschwüre häufiger in den Außenklauen der Hinterfüße auftreten. Außerdem wirken beim Gehen dehnende und zusammenziehende Kräfte zwischen den Laminae und der Klauenwand (25). Diese Kräfte entfalten ihre größte Wirkung an der Klauenaußenseite der Außenklaue, insbesondere an einer Stelle, die auf halbem Weg zwischen Kronrand und Sohle sowie im hinteren Teil in Richtung Ballen liegt. Man nimmt an (25), daß diese Kräfte für das häufige

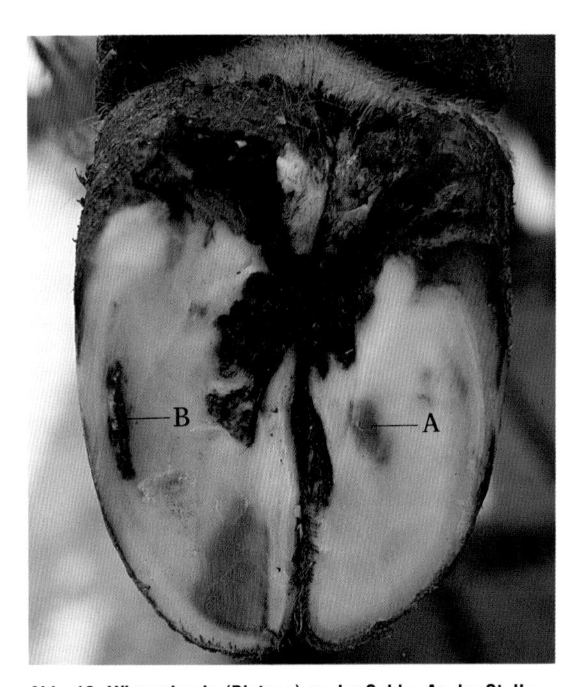


**Abb. 16: Hämorrhagie (Blutung) an der Sohle. An der Stelle des Sohlengeschwürs (A) und an der weißen Linie (B) ist Blut zu erkennen. Die Schwarzfärbung an der Klauenspitze ist die normale Pigmentierung.**

Auftreten von Ablösungen der weißen Linie und Abszeßbildungen an dieser Stelle (Stelle 1, Abbildung 68) verantwortlich sind.

Das Klauenbein nimmt nur ungefähr dreiviertel des Abstands bis zum Ballen ein, wobei das hintere Ende des Klauenbeins – wie auf Abbildung 6

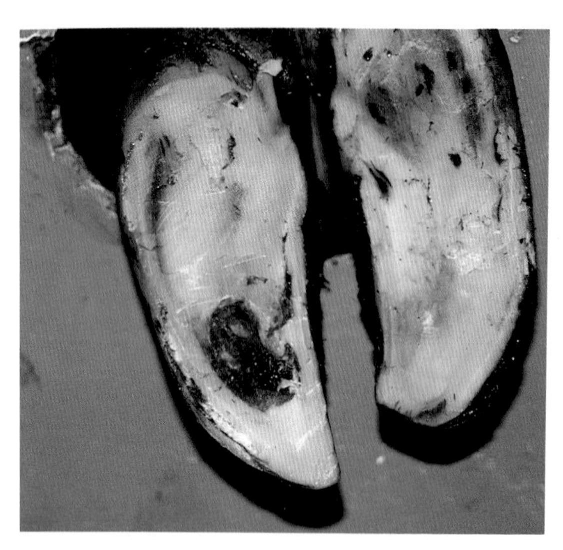

**Abb. 17: Hämorrhagie an der Sohle. An der Fußungsfläche und an der weißen Linie ist Blut zu erkennen. Die rechte Klaue weist diffuse Blutungen und gelbe Verfärbungen auf.**

und an dem ausgeschuhten Klauenschuh von Abbildung 8 zu sehen ist – fast direkt über der Stelle sitzt, wo Sohlengeschwüre entstehen.

Abbildung 14 zeigt, wie Gewichtsbelastungen, die an den Gliedmaßen entlang nach unten übertragen werden, an der Lederhaut zwischen den harten Oberflächen des hinteren Klauenbeins und des Horns der darunterliegenden Sohle Quetschungen hervorrufen können.

Diese Druckwirkung wird durch die gebogene Form des unteren Teils des Klauenbeins, besonders an seiner axialen Seite, noch verschlimmert. Dies ist auch die Stelle, an der die Befestigung mit der Klaue nur sehr gering ist und dadurch größere Bewegungsfreiheit besteht. Die Form des Klauenbeins läßt sich auf Abbildung 15 ganz klar erkennen (die Öffnungen im Hufbein ermöglichen den Zugang von Blutgefäßen). Durch die Einquetschungen zwischen Klauenbein und Klauenschuh werden Blutgefäße der Lederhaut beschädigt und Blutzellen freigesetzt, die sich dann mit dem neugebildeten Horn vermischen.

Schließlich wächst die Mischung aus Blut und Horn bis an die Sohlenoberfläche.

Abbildungen 16 und 17 sind typische Beispiele dafür.

Blutgerinnsel befinden sich an der Stelle des Sohlengeschwürs und an der Klauenspitze, da letztere die vorderen bzw. hinteren Kontaktpunkte zwischen Klauenbein und dem darunterliegenden Sohlenhorn darstellen. Diese Bereiche bezeichnet man oftmals als »Druckstellen«. Sie stellen eine Art Druckstelle dar, die sich aber schon 8-12 Wochen zuvor entwickelt hat (Horn wächst 5 mm pro Monat und die Sohle ist ungefähr 10-15 mm dick) und jetzt erst an der Oberfläche zu sehen ist.

Bei einigen Kühen genügt es, ein paar oberflächliche Hornteilchen zu entfernen, um den blutbefleckten Bereich zu beseitigen, so daß darunter wieder intaktes Horn zum Vorschein kommt. In diesem Fall hätte sich die Druckstelle innerhalb eines sehr begrenzten Zeitraumes entwickelt. Bei anderen Tieren (und für gewöhnlich im Bereich des Sohlengeschwürs) besteht diese Mischung aus Blut und Horn bis hinunter zur Lederhaut, womit angezeigt wird, daß immer noch Druckstellen bestehen. Auf Abbildung 17 ist eine schwere Hämorrhagie dargestellt.

## Das Ballenpolster

Zum Ballen hin teilt das Ballenpolster, ein Streifen fibroelastischen Gewebes, welcher als Stoßdämpfer dient, das Klauenbein von der Lederhaut. Sobald die Klaue in Bodenkontakt kommt, findet zwischen Klauenbein und den Aufhängelaminae eine Bremswirkung statt, worauf sich das Klauenbein am Ballen leicht bewegt und das Ballenpolster zusammengedrückt wird (58).

## Die Sehnen

Die Vor- und Rückwärtsbewegungen der Gliedmaßen erfolgen durch Sehnen, deren eine Enden an einem Muskel, die anderen Enden an einem Knochen befestigt sind. Zieht sich der Muskel zusammen, verkürzen sie sich und der Knochen wird mittels der Sehne bewegt.

Die beiden Hauptsehnen im Fuß sind:

- die Extensorsehne (Strecksehne), welche die Gelenke streckt und die Gliedmaßen nach vorne bewegt,
- die Flexorsehne (Beugesehne), die die Gliedmaßen zurückbewegt und den Fuß beugt.

Da Sehnen auch bei der Gewichtsbelastung eine Rolle spielen und außerdem als Stoßdämpfer fungieren, müssen sie sehr fest sein. Abbildung 6 zeigt

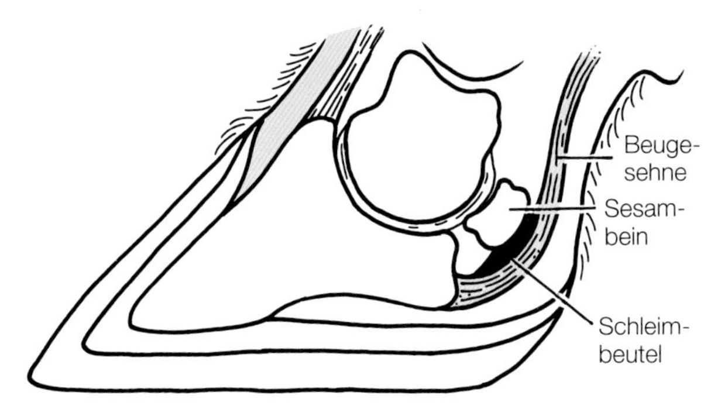


**Abb. 18: Lage von Sesambein, Schleimbeutel und Beugesehne.**

**Abb. 19: Lage des Klauen- und Sesambeins im Huf.**

die glänzend weiße Beugesehne. Sie verläuft entlang der Rückseite der Gliedmaßen innerhalb einer gleitfähigen Umhüllung ( der Sehnenscheide) und endet am hinteren Teil des Klauenbeins.

## Das Sesambein

An der Stelle innerhalb des Ballens, wo die Sehne die Richtung ändert, befindet sich ein weiterer kleiner Knochen, das Sesambein, das die Sehnenbewegung erleichtert. Es ist auf Abbildung 18 und Abbildung 19 zu sehen.

## Der Schleimbeutel

Der Schleimbeutel zwischen Sehne und Knochen erleichtert die Bewegungsfähigkeit zwischen diesen beiden Strukturen. Der Bereich des Sohlengeschwürs liegt direkt unterhalb des Ansatzpunktes der Beugesehne am Klauenbein. Wenn das Geschwür tief in die Lederhaut eindringt, werden manchmal weiße oder cremefarbene Streifen fibrösen Materials sichtbar.

Es sind Fragmente der degenerierenden Beugesehne. Wenn die von einem Geschwür ausgehende Infektion tiefer vordringt, so kann dies einen Abszeß am Schleimbeutel zur Folge haben. Die betroffenen Kühe weisen einen vergrößerten entzündeten und sehr schmerzhaften Ballenbereich mit Rötungen der darüberliegenden Haut auf (siehe Abbildung 94). Daraus kann sehr schwere Lahmheit entstehen. Oftmals löst sich vom Geschwür ein kleiner Tropfen Eiter, welcher auf einen darunterliegenden Abszeß mit beträchtlich vermehrter Eiterbildung hindeutet.

In solchen Fällen besteht die einzige Behandlungsmethode darin, den Eiter durch eine radikale Spaltung des Abszesses (10) abzuleiten. In fortgeschrittenen oder unbehandelten Fällen kann dies zu einer Infektion des Sesambeins, zu einer Infektion des Klauengelenks oder, im schlimmsten Fall, zu einer Degeneration des Klauenbeins selbst führen, wobei eine Amputation der Klauenspitze erforderlich sein kann.

## Das Klauengelenk

Das Klauengelenk stellt die Verbindung zwischen Klauenbein und dem zweiten Zehenknochen dar. Aus Abbildung 20 und Abbildung 6 wird die Nomenklatur der Knochen und Gelenke bis hinauf zum Krongelenk ersichtlich. Der hintere Teil des Schleimbeutels sowie der vordere Teil des Sesambeins gehören zum Klauengelenk. Eine Infektion in diesem Bereich kann schwere Schäden verursachen. Daher ist die sofortige Behandlung lahmender Tiere von großer Bedeutung.

# Hornbildung und Klauenrehe (Laminitis, Coriitis)

Da Deformationen der Klaue durch übermäßiges Hornwachstum und viele Arten von Lahmheit mit Klauenrehe in Zusammenhang stehen, müssen wir erst genau verstehen, was Laminitis ist und welche Veränderungen sie hervorruft, bevor wir über deren Wirkung und Ursachen diskutieren können.

Weiter vorne in diesem Kapitel haben wir erfahren, daß die Keimschicht, die Zellschicht der Epidermis, welche die Papillen überzieht, für die Hornbildung verantwortlich ist. Durch ständige Vermehrung werden große (dünne, abgeplattete) Plattenepithelzellen langsam von der Keimschicht abgestoßen. Das in ihrem Zytoplasma synthetisierte Keratin bildet die starken Keratinfasern , wobei die Zellen schrumpfen, dehydrieren und absterben und dabei die äußerst harte Hornschicht bilden, die wir als Klauenaußenwand kennen. Das Horn der Klaue besteht aus Horntubuli (von den Papillenspitzen) und Zwischenröhrchenhorn (von den Seiten und Vertiefungen der Papillen). Beide Bestandteile setzen sich aus verlängerten, mit Keratin gefüllten Plattenepithelzellen zusammen. Der genaue Aufbau des Horns der weißen Linie befindet sich auf den Seiten 7 bis 8. Es besteht aus verlängerten, keratinhaltigen Plattenepithelzellen in den laminaren Hornblättchen, wobei das von den Endpunkten der Laminae hergestellte verbindende Horn viel mehr runde Plattenepithelzellen enthält (siehe Abbildungen 10, 11 und 12). In diesem Bereich befinden sich keine Horntubuli.

Laminitis bedeutet ganz einfach eine Entzündung der Laminae, obwohl in wirklichkeit alle Bereiche

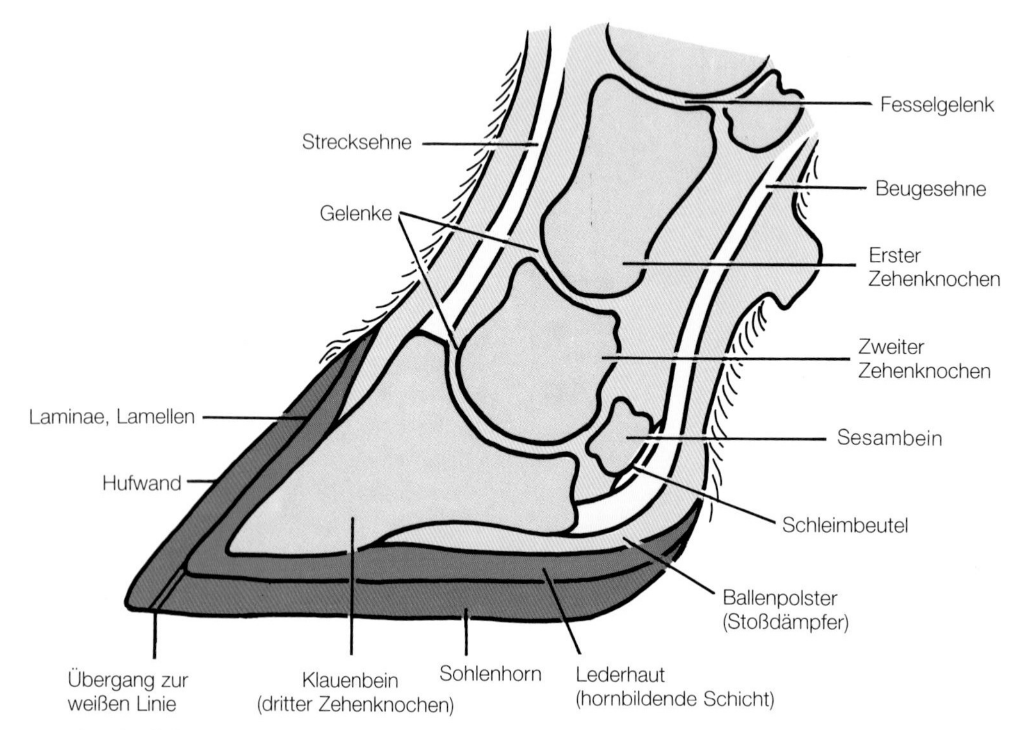


**Abb. 20: Aufbau des Fußes: Knochen und Gelenke bis zum Fesselgelenk.**

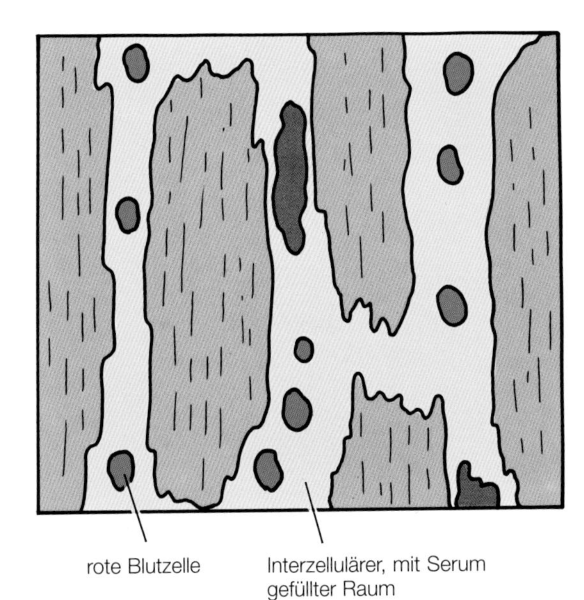


**Abb. 21: Teil der weißen Linie bei einer Färse nach dem Kalben. Der Raum zwischen den Plattenepithelzellen hat sich vergrößert und ist mit Serum, roten Blutzellen, Bakterien und Gewebstrümmern angefüllt (D.Logue und S.Kempson).**

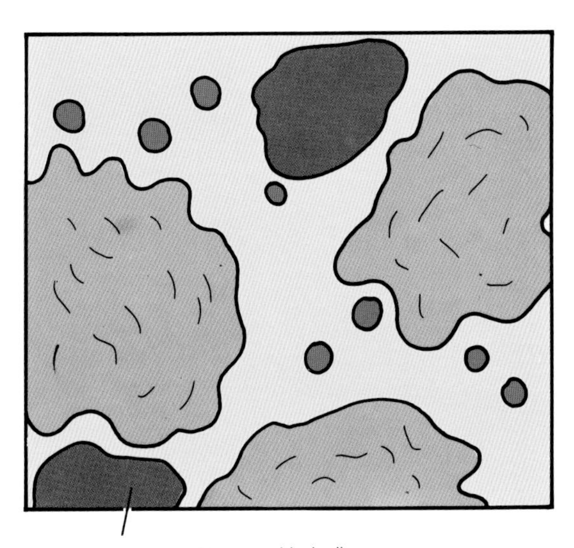


**Abb. 22: Fortgeschrittene Veränderungen am Horn der weißen Linie. Die Plattenepithelzellen degenerieren, im Innern gibt es nur noch wenig oder kein Keratin mehr, der interzelluläre Raum hat sich mit Blut, Serum und Ansammlungen von amorphen Gewebstrümmern gefüllt (D.Logue und S.Kempson).**

der Lederhaut mit Blut überfüllt und entzündet sein können. Der Begriff »Laminitis« wird oftmals (wie auch im weiteren Verlauf dieses Textes) zur Beschreibung einer allgemeinen Entzündung der Lederhaut verwendet. Wahrscheinlich wären die Bezeichnungen Coriitis bzw. Coriosis zutreffender. In diesem Buchabschnitt werden nur die mit Laminitis einhergehenden Veränderungen behandelt. Die Ursachen und die Behandlung werden in Kapitel Sechs beschrieben.

Wenn der Blutfluß durch die Lederhaut erhöht ist, so geht auch die Hornbildung schneller vor sich. Diese Tatsache kann zu Wucherungen an der Wand oder Sohle führen und die Bildung von weniger reifem, d.h. weicherem und weniger widerstandsfähigem Horn zur Folge haben, welches dann an die dem Verschleiß ausgesetzten Flächen gelangt. Diese Veränderungen treten vorrangig im Bereich der weißen Linie auf.

Durch elektronenmikroskopische Untersuchungen von entnommenen Hornteilchen können Veränderungen an der weißen Linie bei Färsen vor und nach dem Kalben festgestellt werden (40). Auf Abbildung 11 sind die verlängerten, intakten Hornblättchenzellen, auf Abbildung 12 die abgerundeten verbindenden Zellen dargestellt. Man kann klar erkennen, wie die Zellübergänge dicht zusammenlagen und damit dem Horn seine Festigkeit verliehen. Nach dem Kalben setzte bei fast allen Färsen die Degeneration des Horns ein. Dies wurde als Trennung der Plattenepithelzellen (Abbildung 21) erkennbar, bei der sich die Zwischenräume mit roten Blutzellen, Bakterien und amorphen (formlosen) Gewebstrümmern anfüllten.

Die am schlimmsten betroffenen Zellen waren schwer beschädigt. Es befanden sich große Zwischenräume zwischen den Zellen, die Zellmembranen waren zerrissen und bei einigen war die Keratinisation (Verhornung) so gestört, daß in den Zellen die Keratinfasern vollständig fehlten (Abbildung 22).

Als Endergebnis bei diesen Vorgängen steht eine beträchtliche Schwächung der Struktur der weißen Linie, wobei Einkeilungen von Gewebstrümmern und das Eindringen von Infektionen in die Lederhaut viel eher auftreten können. Die beschriebenen Veränderungen gehen natürlich im mikroskopischen Bereich vor sich, und es erfordert tausendfache Vergrößerungen, um Details erkennen zu können. Die gleichen Veränderungen erscheinen an der Klaue selbst als gelbe Verfärbung der Klaue oder der weißen Linie, wie auf Abbildung 17) am Bei-

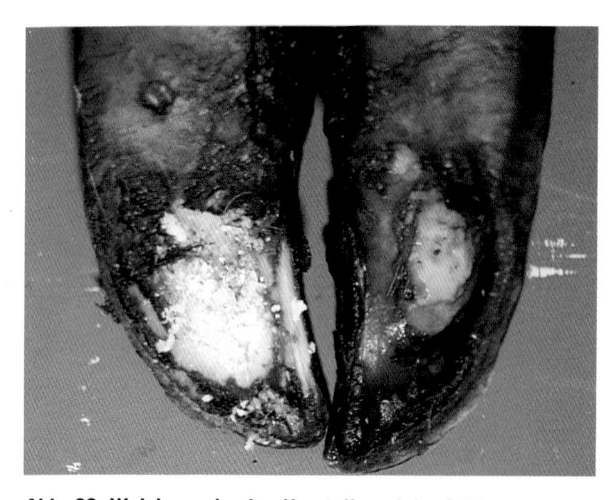

**Abb. 23: Weiche, pulverige Hornteile auf der Sohle wurden mit Laminitis in Zusammenhang gebracht. Es handelt sich hierbei jedoch um normales Sohlenhorn, das nicht vorgeschlissen wurde**

spiel der Sohle zu erkennen ist. Die Ursache dafür ist in der Zerstörung von Blutgefäßen aufgrund der Klauenrehe zu sehen, wobei gelbes Serum in den Raum zwischen den Hornzellen eindringen kann.

Schwere vaskuläre Schädigungen (Gefäßschädigungen) können die Freisetzung von Blutzellen zur Folge haben, die dann wiederum in den Raum zwischen den Plattenepithelzellen eindringen und als Mischung aus Blut und Horn im Bereich der Sohle oder weißen Linie sichtbar werden. Die Abbildungen 16 und 17 bieten gute Beispiele hierfür. Die Ernährung der Kuh auf Abbildung 17 wurde sofort nach dem Kalben umgestellt. Sie bekam anstelle des vor dem Kalben ausschließlich verabreichten Grobfutters eine fettreiche Ernährung mit wenig Grobfutter (M/D = 11,7, wobei M/D der umsetzbaren Ernährungsenergie (Mj) entspricht, dividiert durch die Trockensubstanz (kg) plus 7 kg Kraftfutter im Melkstand, ohne allmähliche Einführung dieser Ernährung in der Nachkalbezeit). Die entstandene Laminitis rief schwere Lahmheit in Verbindung mit einer Hämorrhagie an der Klauenspitze, im Bereich des Sohlengeschwürs und an der weißen Linie hervor.

In manchen Fällen nehmen die Stauungen in den Blutgefäßen der Lederhaut solche Ausmaße an, daß die Blutzirkulation beinahe zum Erliegen kommt. Dies führt zu einer verringerten oder gelegentlich sogar zu einer vorübergehenden völligen Einstellung der Hornbildung. Auf Abbildung 116 ist ein horizontaler Riß dargestellt, der über die Klauenvorderseite verläuft. Diese Kuh war gleich nach dem Kalben an einer schweren Kolimastitis erkrankt. Obwohl sie sich schließlich wieder erholte, führte die vollständige Unterbrechung der Hornbildung, die erst Tage oder Wochen später wieder einsetzte, zu einer Zweiteilung der Klaue. Der untere »Ring« müßte schließlich über das Zehenende hinausgewachsen sein (siehe Seite 57).

Bei leichteren Fällen von Klauenrehe treten an der Klaue Rillen auf, wie man auf Abbildung 118 deutlich erkennen kann. Diese werden als »Hards-

**Abb. 24: Typische Stellung der Gliedmaßen einer Kuh mit allgemeiner Lahmheit und Klauenrehe.**

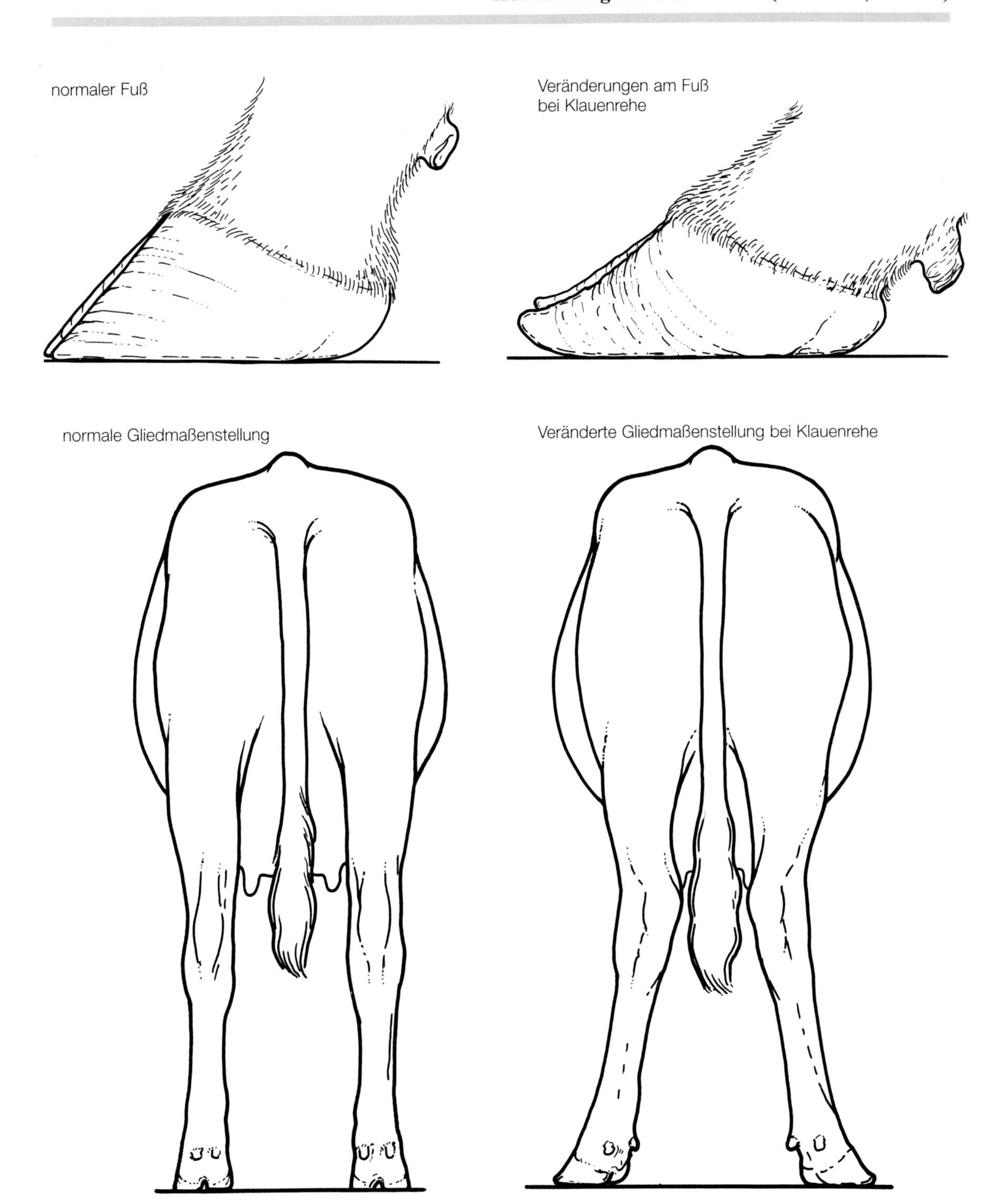


**Abb. 25: Veränderungen der Klauenform und Gliedmaßenstellung aufgrund von Klauenrehe. Die Klauenspitze hebt sich vom Boden ab, der Ballen fällt nach unten und der Dorsalwandwinkel wird flacher. Bei den betroffenen Kühen liegen die Sprunggelenke beim Gehen dicht beieinander, und die Klauenspitzen weisen nach außen.**

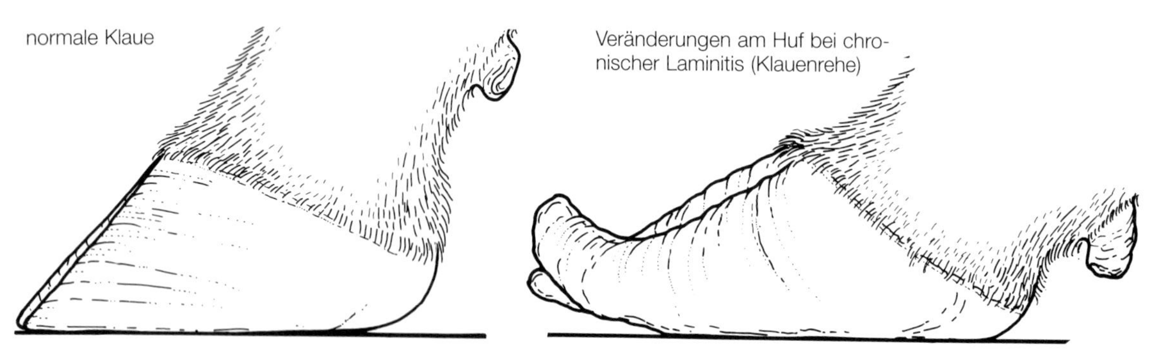


**Abb. 26a: Chronische Laminits (Klauenrehe): abgefallener Ballen, konkave Dorsalwand und nach oben gebogene Klauenspitze. Abb. 26b: Durch Klauenrehe kann die Aufhängung des Klauenbeins beschädigt werden, so daß letzteres auf die Sohlenlederhaut absinkt. Die Lederhaut wird daraufhin entweder seitlich (was zu einer Vergrößerung der weißen Linie führt) oder nach oben hin (was Schwellungen oberhalb des Kronrandes zur Folge hat) verschoben.**

hip lines« bezeichnet (27). Eine Reihe parallel verlaufender, horizontaler Rillen zeigen an, daß die Kuh schon wiederholt an Laminitis erkrankte. Die weichen, pulverigen Teile weißen Horns, die man bisweilen auf der Sohle entdeckt (Abbildung 23), sollen ebenfalls eine Folge von Klauenrehe sein. Dies ist jedoch nicht richtig: es handelt sich hierbei um alte, degenerierende oberflächliche Hornteile, die durch den natürlichen Verschleiß nicht beseitigt wurden.

Abbildung 20 zeigt deutlich, wie das Klauenbein in der Klaue dicht an der Klauenspitze sitzt. In einem beschränkten Gebiet wie diesem bereiten Schwellungen und Vergrößerungen der Blutgefäße Schmerzen und Unwohlsein. Die betroffene Kuh versucht nun, ihre Zehen zu entlasten, indem sie auf den Ballen geht und die Zehen nach außen dreht. Dadurch verringert sich die Trachtenhöhe, der Dorsalwandwinkel wird flacher und die Sprunggelenke der Kuh liegen beim Gehen dichter beieinander.

Diese Veränderungen sind auf Abbildung 25 sowie auf Abbildung 24 an der Beinstellung einer betroffenen Kuh gut zu sehen.

Die längerfristigen Auswirkungen der Klauenrehe machen sich schließlich in Form einer Aufwärtsbiegung der Klauenspitze und einer konvexen Verformung der Dorsalwand (58) bemerkbar (Stallklaue). Diese Veränderungen sind auf Abbildung 26a und auf Abbildung 27 am Beispiel eines

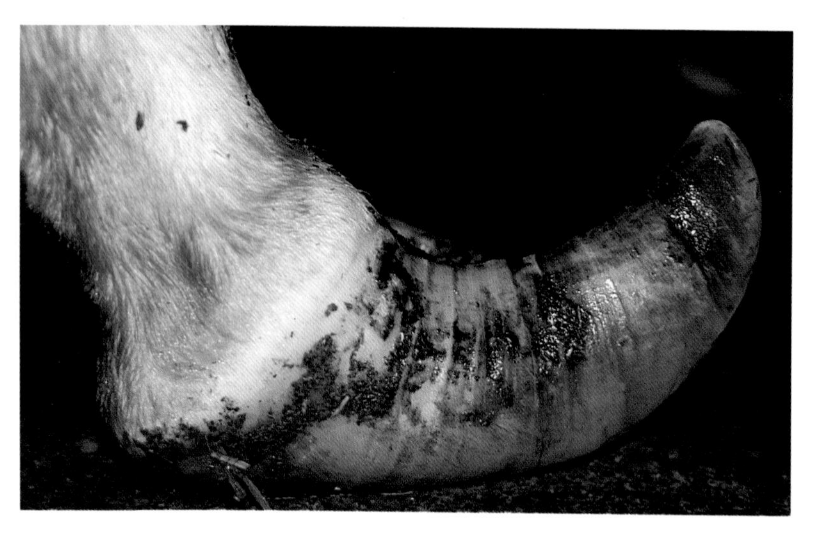

**Abb. 27: Chronische Laminitis (Klauenrehe). Die zu stark gewachsene Klauenspitze hat beim Gehen keinen Bodenkontakt mehr, und die Dorsalwand der Klaue hat konkave Form.**

befallenen Fußes zu erkennen. Bisher haben wir uns vorwiegend mit den Auswirkungen von Coriosis/Klauenrehe auf die Klauen beschäftigt. Es finden aber auch dramatische Veränderungen im Innern der Klaue, am Klauenbein, statt. Wie bereits erwähnt, zeigt Abbildung 20, wie das Klauenbein – besonders an der Klauenspitze – genau in die Klaue eingepaßt ist. Das Klauenbein ist mit Hilfe der Wandlamellen im Innern der Klaue aufgehängt, wobei die Außenklauenwand viel stärker daran beteiligt ist als die Innenklauenwand. Wenn nun eine Färse oder Kuh an schwerer Klauenrehe leidet, so bricht diese Aufhängung zusammen, und das Klauenbein fällt auf die Sohlenlederhaut. Dies kann wiederum folgendes bewirken:

- Fällt zuerst der rückwärtige Teil des Klauenbeins auf die Lederhaut, so wird diese gequetscht und es kann sich ein Sohlengeschwür bilden (siehe Abbildung 14 und Abbildung 16).
- Fällt zuerst der vordere Teil des Klauenbeins ab, so kann es – wie auf Abbildung 17 dargestellt – zu einer Hämorrhagie an der Klauenspitze kommen.
- Wie auf Abbildung 26b dargestellt, wird durch das Absinken des Klauenbeins die Sohlenlederhaut zusammengedrückt und verschoben. Wird die Lederhaut seitlich verschoben, so resultiert daraus eine Vergrößerung bzw. Schwächung der weißen Linie mit erhöhtem Risiko für eine Abszeßbildung (Abbildung 69). Wird sie nach oben hin verschoben, entstehen Schwellungen oberhalb des Kronrandes. Dies ist auf Abbildung 27 deutlich zu erkennen.

Wenn das Klauenbein erst einmal auf die Lederhaut abgesunken ist, wird es nie wieder seine ursprüngliche Lage zurückerlangen. Das betroffene Tier wird den Rest seines Lebens mit einer gequetschten Lederhaut zubringen müssen. Dies kann – vor allem im Bereich des Sohlengeschwürs – zu einer verminderten Hornbildung führen. Bei manchen Kühen sinkt das Klauenbein so weit nach unten ab, daß man sein hinteres Ende genau unter dem Sohlengeschwür ertasten kann.

Zusammenfassend läßt sich also feststellen, daß eine allgemeine Entzündung der Lederhaut (Coriosis) einschließlich Klauenrehe, folgende Veränderungen mit sich bringt:

- Schmerzen und eingeschränktes Wohlbefinden, besonders an der Klauenspitze, so daß die Kuh auf den Ballen gehen muß.
- Die Klauenspitze ist nach oben gebogen, die vordere Klauenwand weist eine konkave Vertiefung auf und es besteht übermäßiges Klauenwachstum.
- Es zeigen sich Belastungslinien, d.h. horizontale Rillen, die die Klauenwand kreisförmig umlaufen, oder sogar horizontale Risse.
- Das Sohlenhorn ist gelblich verfärbt; in schwereren Fällen ist in der weißen Linie bzw. im Sohlengeschwürbereich Blut zu erkennen.
- Absinken des Klauenbeins, wodurch die Lederhaut sowohl zur Seite (Vergrößerung und Schwächung der weißen Linie) als auch nach oben zum Kronrand hin (Schwellung oberhalb der Klaue) verschoben wird.

# Gewichtsverteilung an der Fußungsfläche

Gewichtstragende Flächen und Deformationen der Klaue durch übermäßiges Hornwachstum: Das Hauptziel beim Klauenschneiden ist, die ursprüngliche Form sowie die belastbaren Flächen der Klaue wiederherzustellen. Somit ist ein genaues Verständnis der Beschaffenheit der normalen Klaue sowie der Veränderungen hinsichtlich Form, Aufbau und Größe der Klaue, die bei übermäßigem Wachstum auftreten können, von entscheidender Bedeutung.

Bei einer normal geformten Klaue lastet das Gewicht auf dem Ballen, der Wand und bis zu einem gewissen Grad auch auf dem Bereich der weißen Linie sowie auf 10 -20 mm der angrenzenden Sohle. Die Gewichtsbelastung verläuft abaxial von der Klauenaußenseite bis zur Klauenspitze und dann axial von der Klauenspitze entlang des ersten Drittel des Zwischenklauenspaltes. Dies ist auf Abbildung 28 (22, 28, 56, 58) dargestellt. (Wenn Sie sich bei den verwendeten Fachbegriffen unsicher sind, schauen Sie bitte unter den Erklärungen auf Abbildung 1 nach.)

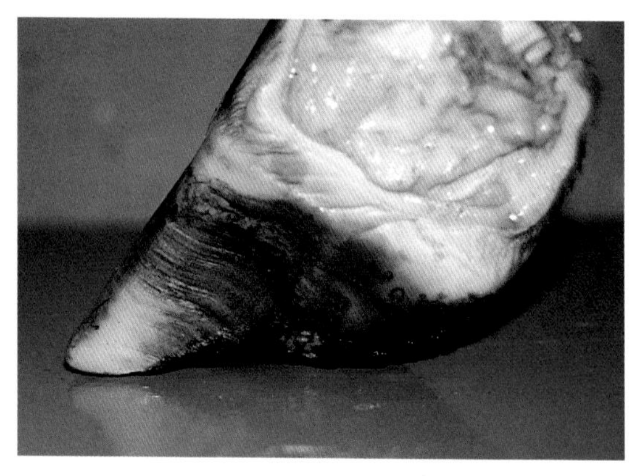

**Abb. 29: Axialansicht der Klaue. Das Gewicht sollte sich nur axial auf das erste Drittel der Klauenwand und den Ballen verteilen.**

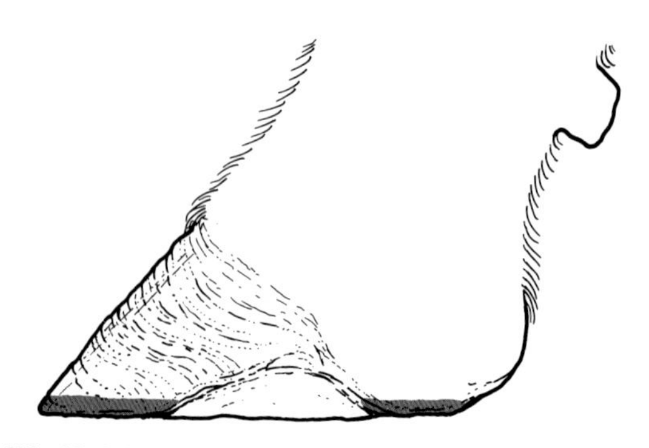

**Abb. 30: Axialansicht einer Klaue zur Darstellung der Hohlkehlung an der Fußungsfläche. Das Gewicht lastet auf dem ersten Drittel der Innenwand und auf dem Ballen.**

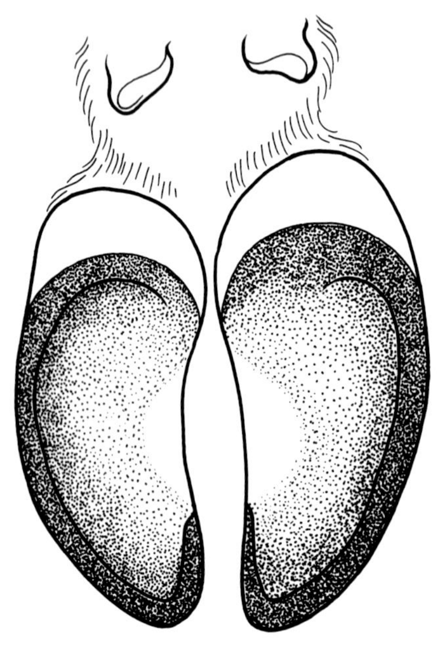

**Abb. 28: Die schattierten Bereiche stellen die gewichtstragenden Flächen der Klauen dar.**

Daher wird die gesamte Sohle im Bereich der Zehenspitze belastet, wobei sich das Gewicht gleichmäßig auf die Innen-und Außenwände verteilt. Der nicht schattierte Sohlenbereich auf der Abbildung stellt keine belastete Fläche dar. Klauenwand und Fußungsfläche sollten vom Ballen bis zur Klauenspitze flach verlaufen und dabei – um eine optimale Gewichtsverteilung zu erreichen – auf ihrer gesamten Oberfläche ständigen Bodenkontakt haben. Die Innen-und Außenklauen sollten

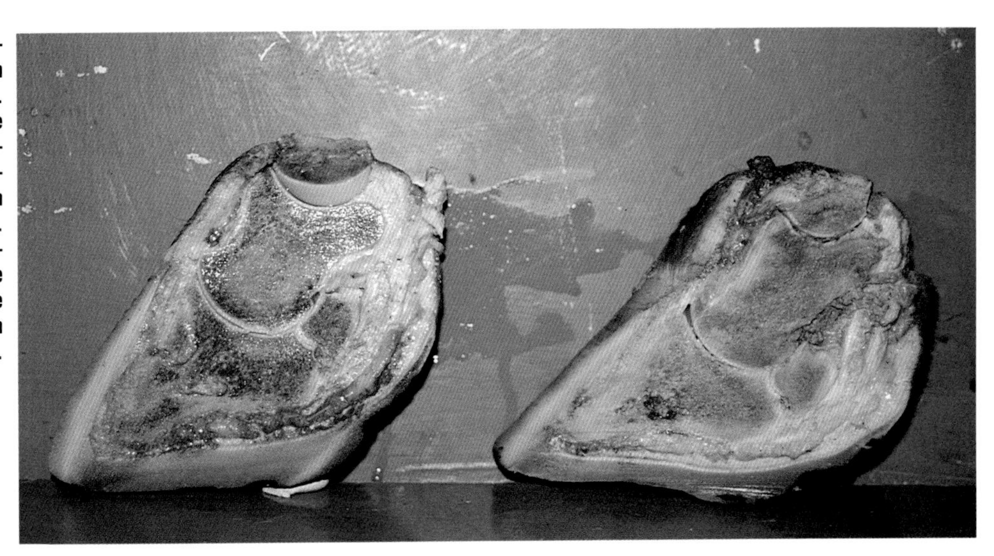

**Abb. 31: Querschnitt durch die Außen- bzw. Innenklaue eines 14 Monate alten Mastbullen (Schwarzbunt). Klar zu erkennen ist die dickere Sohle der lateralen Klaue.**

nahezu gleichmäßig belastet sein, der Winkel an der Klauenvorderwand (Dorsalwandwinkel) sollte ziemlich steil sein und die Klauenspitze sollte bei der Fortbewegung festen Bodenkontakt haben (18, 58). Die Innenansicht einer einzigen Klaue, vom Zwischenklauenspalt aus gesehen (Abbildung 29 und Abbildung 30), zeigt deutlich, wie sich die Klauenwand nur bis in das erste Drittel nach hinten erstreckt (im Bereich der belasteten Fußungsfläche) und dann allmählich in die Sohle übergeht.

Die restliche Klaueninnenseite, die zum Ballen hin verläuft, besteht aus einem konkaven Sohlenbereich (auf Abbildung 28 nicht schattiert). Dieser Bereich bildet den Zwischenklauenspalt zwischen beiden Klauen und sollte frei gehalten werden. Beim normalen Hinterfuß lastet etwas mehr Gewicht auf der Außenklaue als auf der Innenklaue. Dieser Unterschied wird aus Abbildung 28 ersichtlich, wo besonders die Innenseite der Innenklaue kleiner ist.

Abbildung 31 zeigt einen Querschnitt durch zwei Klauen eines 14 Monate alten Mastbullen der Rasse Schwarzbunte (Friesen). Schon in diesem Alter ist deutlich zu sehen, daß die Außenklaue (links) eine bedeutend dickere Sohle aufweist als die Innenklaue. Dieser Unterschied wird durch Deformation der Klaue durch übermäßiges Hornwachstum noch beträchtlich verstärkt.

Für eine optimale Gewichtsbelastung im Fuß sollte die Vorderwand – von der Zehenspitze bis zum Kronrand – in einem Winkel von 45-50 Grad (Dorsalwandwinkel) zur Horizontalen verlaufen (siehe Abbildung 4). Vorausgesetzt, die Vorderwand ist gerade, läßt sich an der Zehenspitze natürlich der

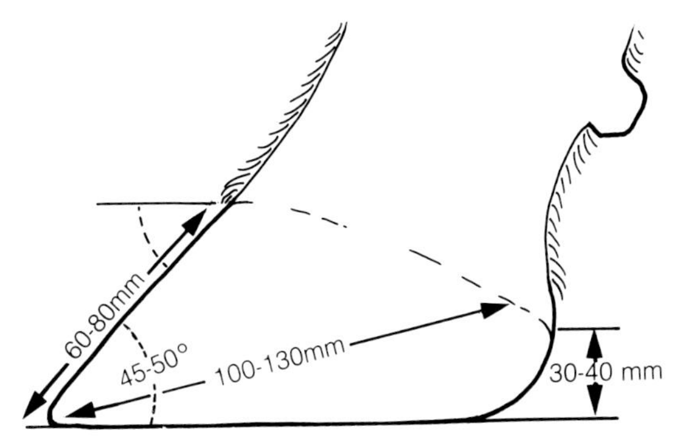


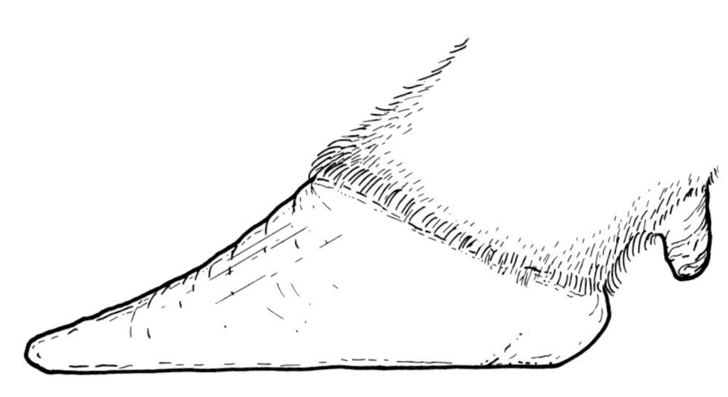

**Abb. 32: Durchschnittliche Winkelabmessungen und Maße an einer normalen Klaue: Dorsalwandlänge = 60-80 mm, Dorsalwandwinkel = 45°- 50°, Trachtenhöhe = 30-40 mm und Diagonale = 100-130 mm.**
**Abb. 33: Kühe mit großen Dorsalwandlängen und flachen Trachten werden am besten nicht zur Zucht verwendet.**

gleiche Winkel abmessen (siehe Abbildung 32).

Die Länge der Vorderwand, auch als Dorsalwandkantenlänge bezeichnet, sollte 60-80 mm betragen, wobei der Kronrand leicht nach hinten abfällt und einen flachen Winkel zur Horizontalen bildet. Dieser Winkel ist selbstverständlich von der Höhe der Trachtenwand abhängig, welche bei jungen Kühen 25-35 mm, bei älteren Tieren 30-45 mm betragen sollte. Diese Zahlen stellen jedoch nur Durchschnittswerte dar. Natürlich gibt es bei den einzelnen Tieren beträchtliche Abweichungen bei den Messungen (4, 44, 51). Diese Abweichungen werden mit folgenden Faktoren in Verbindung gebracht:

- Rasse : Jerseyrinder haben offensichtlich kleinere Klauen als Friesenrinder oder Fleischrinderrassen.
- Alter: Erstlaktierende besitzen kleinere Klauen als Kühe, wobei die endgültige Größe etwa in der dritten Laktation erreicht wird.
- Unterschiede zwischen Vorder-und Hinterfüßen.
- Individuelle Abweichungen innerhalb einer Rasse: Einzelne Kühe haben ungewöhnlich große und/oder flache Klauen.

Viele Faktoren bezüglich der Klauenform weisen eine hohe Erblichkeit (Heritabilität) auf. Sie werden also mit großer Wahrscheinlichkeit an die nächste Generation weitergegeben. So werden z.B. die Nachkommen von Kühen mit langen Klauen und flachen Trachten (siehe Abbildung 33) ähnliche Defekte aufweisen. Der Vorderwandwinkel des Hinterfußes (Dorsalwandwinkel) weist eine besonders hohe Heritabilität auf (4), so daß man Kühe mit flachen Winkelabmessungen am besten nicht zur Zucht verwendet. Es hat sich herausgestellt (51), daß Bullen mit langen und großen Fußungsflächen viel eher zu Sohlengeschwüren neigen als andere Bullen und diese Neigung an die Nachkommenschaft vererbt werden könnte.

Außerdem hat sich herausgestellt, daß Klauenschneiden, d.h. die Wiederherstellung der »normalen« Klauenform, die Fortbewegung und den Gang bei Kühen sehr schnell verbessern kann (43) (Tabelle 4). Im Vergleich mit nicht geschnittenen Tieren nahm die Häufigkeit einer Lahmheit deutlich ab. Daher spielt Klauenschneiden sowohl aus ökonomischer Sicht als auch für das Wohlbefinden des Tieres eine wesentliche Rolle.

Da wir uns bereits mit den Abmessungen des normalen Hufes befaßt haben, können wir nun zum übermäßigen Klauenwachstum übergehen.

# Übermäßiges Klauenwachstum

Es gibt drei Hauptbereiche, an denen übermäßiges Wachstum der Klauen verstärkt auftritt, nämlich an der Klauenspitze, der lateralen Klaue und insbesondere an der Sohle der lateralen Klaue, was zu einem Größenunterschied zwischen den beiden Klauen führt. Obwohl das Wachstum an allen drei Positionen gleichzeitig erfolgt, werden sie zum besseren Verständnis einzeln behandelt.

## Übermäßiges Zehenwachstum (Dorsalwand)

Die Klauenform wird zu jeder Zeit von dem ausgewogenen Verhältnis zwischen Wachstum und Abrieb bestimmt. Die Dorsalwand wächst an den Zehen etwas schneller als an den Trachten. Die Klaue ist an der Dorsalwand viel härter als an der Trachtenwand. Daraus folgt, daß übermäßiges Wachstum vorwiegend an der Dorsalwand auftritt. Dies hat zur Folge, daß sich der Dorsalwandwinkel langsam von 45 auf 40 bzw. 35 Grad verringert und der Kronrand stärker abfällt. Diese Veränderungen sind auf Abbildung 34 zu sehen.

In Fällen von extremem Wachstum des Klauenhorns (z.B. Abbildung 35) nimmt die Dorsalwand eine konkave Form an und die Zehe biegt sich nach oben (Abbildung 18). Da die Klauenspitze nun keinen Bodenkontakt mehr hat, tritt dort auch kein Verschleiß mehr auf und die Zehe kann unkontrolliert weiterwachsen (Pantoffelklaue). Eine Auswirkung von Laminitis ist wahrscheinlich auch die schüsselförmige Vertiefung der Dorsalwand (58). Die Klauenwand ist in besonderem Maße von übermäßigem Wachstum betroffen und daher treten oftmals an der abaxialen (Außen-) Seite der Klaue größere Verwachsungen auf als an der axialen (Innen-) Wand. Das kommt daher, daß sich die Klauenwand innen nur über ein Drittel entlang des Klauenspaltes erstreckt. Das Endergebnis davon ist oftmals, daß sich – wie auf Abbildungen 36 und 37 abgebildet – die Wand

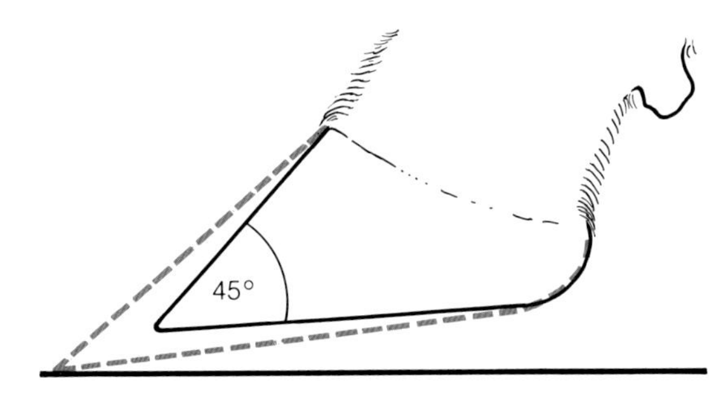


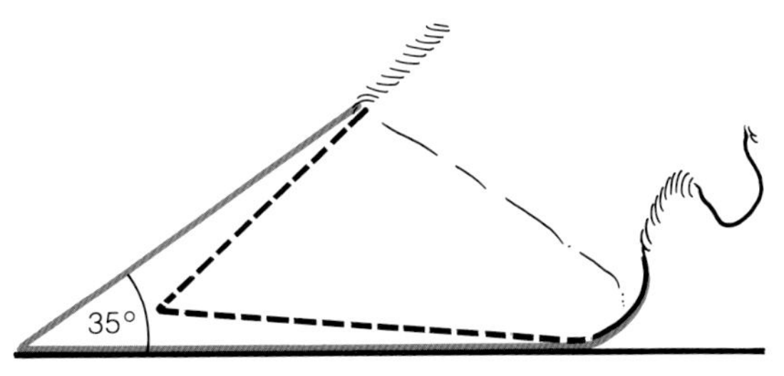


**Abb. 34: Deformationen durch übermäßiges Hornwachstum treten vorwiegend an der Klauenspitze auf.**

**Abb. 35: Übermäßiges Wachstum im fortgeschrittenen Stadium führt zu einer konkaven Dorsalwand und einer Klauenspitze ohne Bodenkontakt (Klauendeformation, Stallklaue, Scherenklaue).**

unter der Sohle einrollt (Scherenklaue, Stallklaue).

Zusätzlich zu diesen äußeren Veränderungen der Klauenform, finden im Inneren der Klaue ebenfalls dramatische Veränderungen statt. Das Wachstum an der Klauenspitze hat zur Folge, daß sich das Klauenbein nach hinten zum Ballen hin bewegt. Auf Abbildung 38 ist der veränderte Winkel an der Klauenbeinunterseite zu erkennen. Abbildung 39

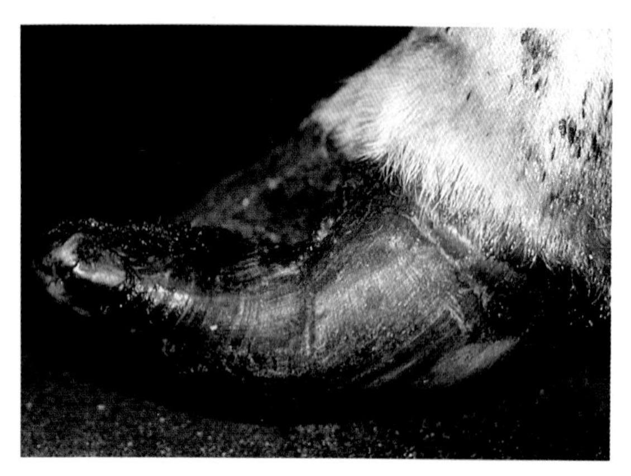

**Abb. 36: Klaue mit übermäßigem Hornwachstum. Die Klauenspitze hat keinen Bodenkontakt mehr, die Dorsalwand ist konkav und die seitliche Klauenwand rollt sich unter der Sohle.**

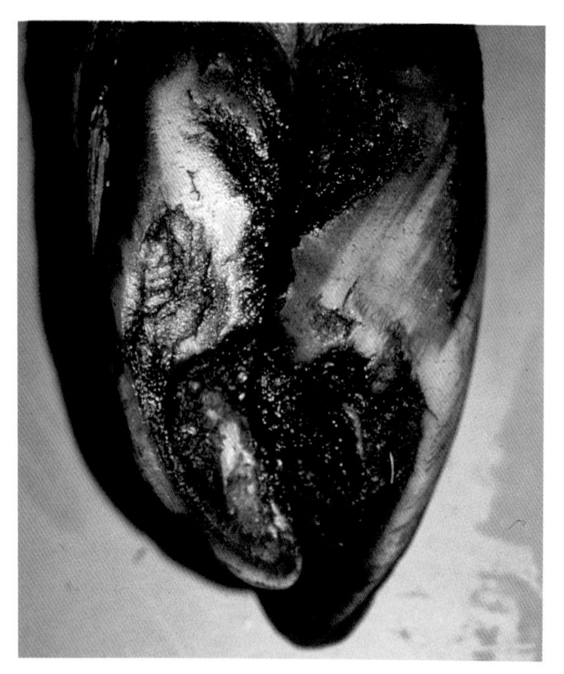

**Abb. 37: Sohlenansicht (plantare Ansicht) der Klauen von Abbildung 36. Die Klauenwand erstreckt sich über die Sohle, so daß der Bereich, in dem das Sohlengeschwür auftritt, stark belastet wird.**

zeigt den Querschnitt durch eine zu stark gewachsene Klaue mit übermäßiger Hornbildung an der Zehe. Für diese Aufnahme wurde die Klaue nach vorne auf die Klauenspitze gekippt, beim Gehen hätte diese Kuh jedoch wieder auf dem Ballen mit nach oben gebogener Zehe gefußt.

Die Verlagerung des Klauenbeins nach hinten wird durch den Verschleiß am Ballen nur noch weiter verschlimmert. Der hintere Teil des Klauenbeins befindet sich direkt über dem Sohlenbezirk, der wiederum abgenutzt wird. Bei einer Gewichtsbelastung könnte sich die Sohle an dieser Stelle durchbiegen und somit die Verlagerung des Klauenbeins nach hinten und die Veränderungen innerhalb der Klaue noch weiter verschlimmern (siehe Abbildung113).

Diese Veränderungen sind auf Abbildung 40 schematisch dargestellt. Obwohl das Klauenbein noch am vorderen Ende der Klaue, an der Klauenspitze, verankert ist, führt seine Verlagerung nach hinten dazu, daß immer mehr Gewicht auf dem hinteren Teil lastet, d.h. im Bereich des Ballens. Bei Belastung und beim Gehen kann dies zu Quetschungen an der zwischen Klauenbein und Sohle gelegenen Lederhaut führen (siehe Abbildung 38). Quetschungen an empfindlichem Gewebe verursachen Schmerzen; daher ist für eine Kuh das Gehen auf den Ballen – bedingt durch übermäßiges Wachstum der Zehen – mit beträchtlichen Schmerzen verbunden. Wir alle haben schon einmal solche Tiere gesehen, die sich mit durchgetretenen Fesseln und Krongelenken, die beinahe den Boden berühren, schlurfend fortbewegen. Das Syndrom ist an der Innenklaue weniger stark ausgeprägt, da das Hufbein dort stabiler verankert ist (58). Betroffene Kühe biegen deshalb beim Gehen die Außenklauen nach außen, so daß diese entlastet werden und sich das Gewicht auf die Innenklauen verteilt (siehe Abbildungen 25 und 41).

Quetschungen an der Sohlenlederhaut können Blutungen verursachen. Das Blut vermischt sich mit Horn und bewegt sich, im Zuge des natürlichen Wachstums, nach unten durch die Sohle hindurch, wo es schließlich im Sohlenhorn an der für Geschwüre typischen Stelle , als kleinere Rötungen oder als rote Punkte in Erscheinung tritt (siehe Abbildung 16). Tatsächlich könnte auf diese Weise ein Sohlengeschwür entstehen. Auf den Seiten 45 bis 48 wird darauf näher eingegangen. Die Form des unteren Teils des Klauenbeins verschlimmert das Syndrom noch. Auf den Abbildungen 3 und 38, sowie auf Abbildung 15 ist zu sehen, daß das Klauenbein eine konkave Unterseite aufweist, wodurch das Gewicht auf dem hinteren Teil, d.h. genau an der Stelle, wo die Lederhaut gequetscht wird, lastet.

**Abb. 38: Starkes Hornwachstum an der Klauenspitze führt zu einer Verlagerung des Klauenbeins und einer Quetschung der Lederhaut zwischen Klauenbein und Klaue.**

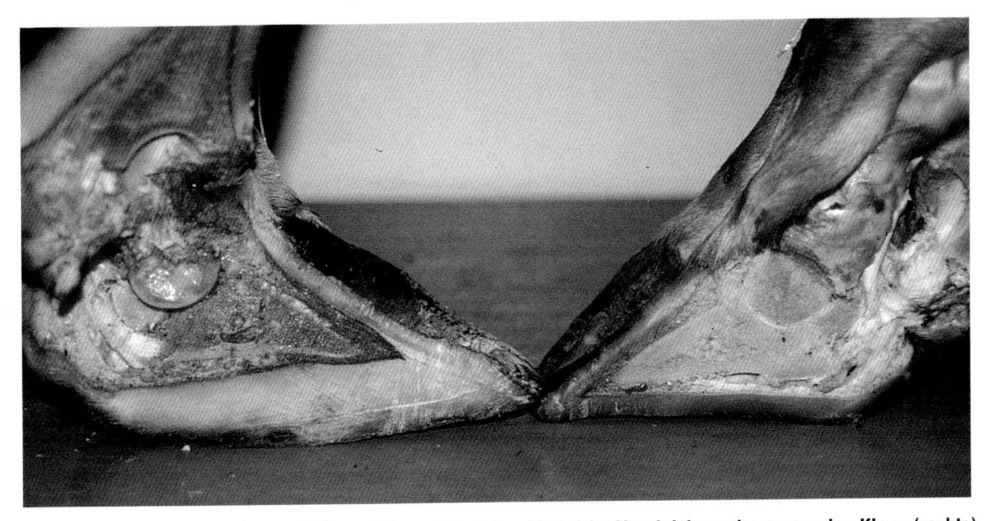

**Abb. 39: Querschnitt durch eine Klaue mit übermäßigem Wachstum (links) im Vergleich zu einer normalen Klaue (rechts). Klar zu erkennen: die übermäßige Hornbildung an der Klauenspitze sowie die Verlagerung des Hufbeins nach hinten.**

Die Bedeutung von übermäßigem Wachstum der Zehen wurde experimentell nachgewiesen (56). Man erhöhte den Beugungsgrad des Klauengelenkes, indem man im Klauenspitzenbereich der Sohle einen Keil anbrachte. Dadurch wurde die Sohle belastet und gedehnt, vor allem am Sohlen-Ballenübergang direkt unterhalb des hinteren Teils des Klauenbeins. Innerhalb weniger Wochen stellte sich heraus, daß die Sohle um einiges dicker war als die Vergleichsklaue. Es bestanden bereits Anzeichen für die Bildung eines Sohlengeschwürs.

Dies ist ein deutlicher Beweis für die Bedeutung von Klauenwachstum bei der Bildung von Sohlengeschwüren und für die Tatsache, daß das Wachstum der Dorsalwand Veränderungen an der Sohle hervorruft. Kleinere Verletzungen können Reizungen der Sohlenlederhaut sowie übermäßiges Sohlenhornwachstum verursachen (Abbildung 44). Schwerere Verletzungen und Dehnungen können dauerhafte Schädigungen der Lederhaut zur Folge

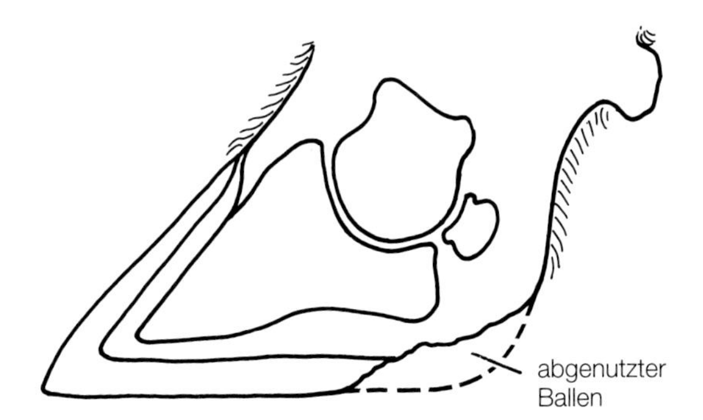


**Abb. 40: Verschleißerscheinungen am Ballen können die Klaue noch weiter destabilisieren. Die Abnutzung am Ballen kann bis zum hinteren Teil des Klauenbeins vordringen.**

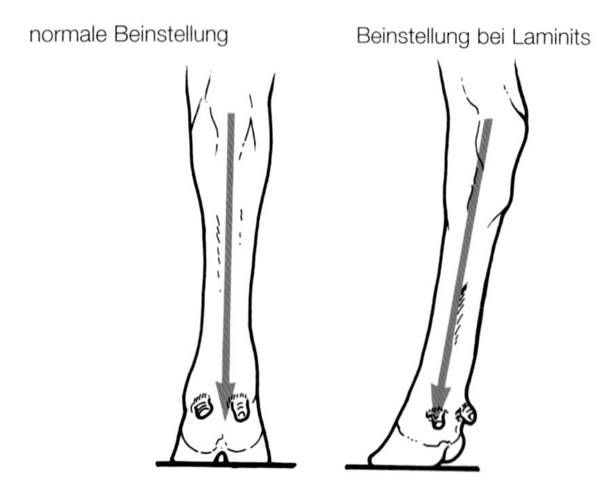


**Abb. 41: Veränderungen der Klauenform und Gliedmaßenstellung aufgrund chronischer Laminitis.**

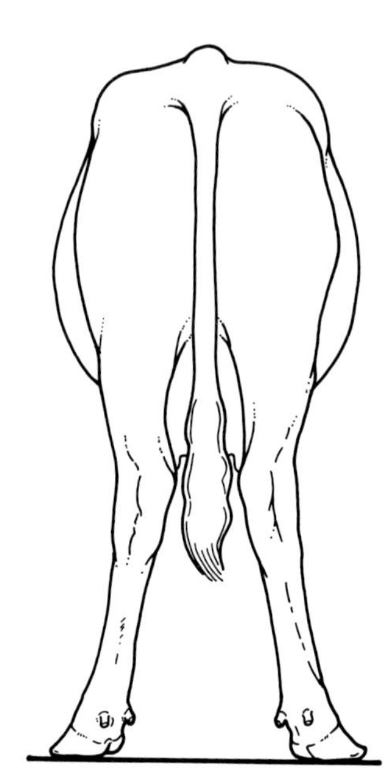

**Abb. 43: Durch starkes Wachstum an der lateralen Klaue der Hinterfüße sind die Sprunggelenke der Kuh beim Stehen einwärtsgebogen und die Klauen beim Gehen nach außen gestellt.**

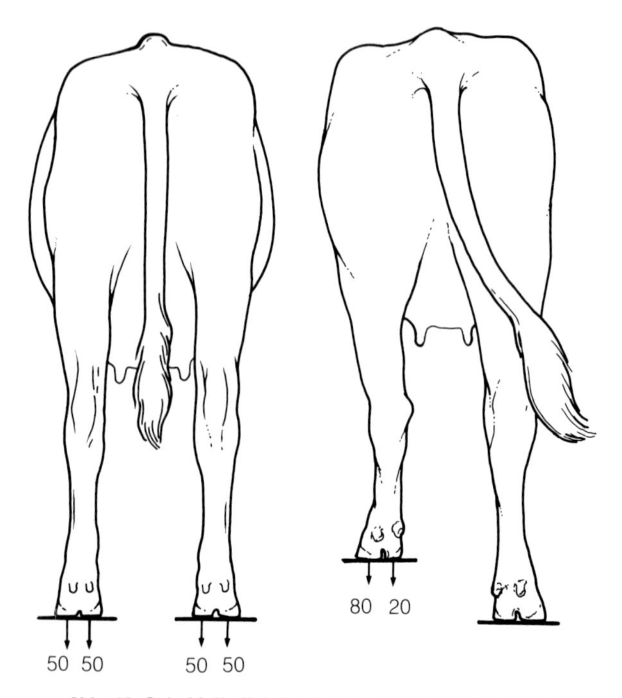


**Abb. 42: Sobald die Kuh ihr Gewicht von einem Fuß auf den anderen verlagert, entstehen größere Unterschiede bei der Gewichtsbelastung der Außenklaue als bei der Innenklaue.**

haben und schließlich zu einem Sohlengeschwür führen (56).

Anhand von Messungen des Gewichts, das beim Stehen und bei der Fortbewegung auf jeder Klaue lastet, wurde klar gezeigt, daß es bei der Außenklaue viel größere Unterschiede in der Gewichtsbelastung gibt als bei der Innenklaue (58). Wenn die Kuh z.B. aufrecht und ruhig dasteht, verteilt sich das Gewicht beinahe gleichmäßig auf die beiden Klauen des Hinterfußes (Abbildung 42). Verlagert sie ihr Gewicht auf das rechte Bein, so verlegt es sich in zunehmendem Maße auf dieses Bein und besonders auf die Außenklaue, bis das linke Bein vom Boden abgehoben wird.

Man geht davon aus, daß diese großen Unterschiede in der Belastung der Außenklaue zu Kontusionen (Quetschungen) und Exostosen (Knochenzubildungen) auf dem Klauenbein dieser Klaue führen können (ähnliche Veränderungen, wie die auf Abbildung 93 abgebildeten) (58). Diese Läsionen verursachen wiederum Schmerzen, so daß die Kuh beim Gehen die Gliedmaßen nach außen biegt und somit mehr Gewicht auf die Innenklaue verlagert wird. Sowohl eine geringgradige chronische Entzündung des Hufes als auch ein abnormer Gang können verstärktes Wachstum an der Außenklaue hervorrufen (ein häufiges Merkmal bei Milchkühen) und dadurch die Klaue noch weiter destabilisieren. Dies ist auf Abbildung 43 dargestellt.

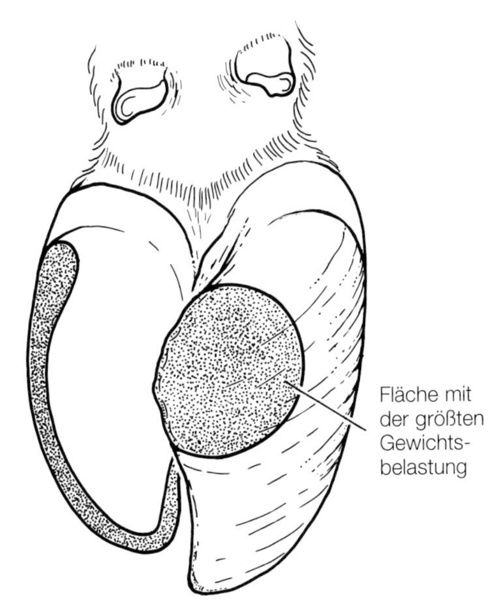


**Abb. 44: Übermäßiges Hornwachstum tritt häufig an den Außenklauen der Hinterfüße auf. Die schattierten Bereiche werden nun belastet (im Vergleich zu den normalerweise belasteten Flächen von Abbildung 28).**

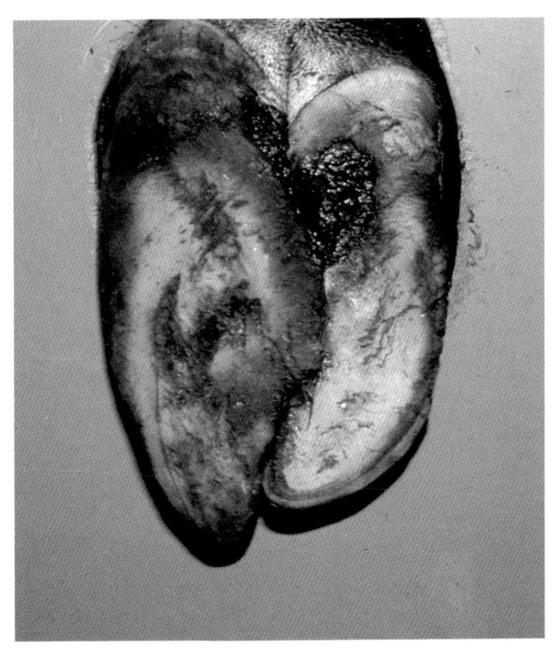

**Abb. 45: Übermäßiges Wachstum des Sohlenhorns.**

## Übermäßiges Sohlenwachstum

Übermäßiges Sohlenwachstum tritt an der Außenklaue der Hinterfüße sowie, in etwas geringerem Maße, an der Innenklaue der Vorderfüße auf. Sie erscheinen als vorstehende Hornränder, die aus der Sohle herauswachsen und axial in die Klauenspalte hineinragen (Abbildung 44 und Abbildung 45). Das Sohlenwachstum kann so ausgeprägt sein, daß es zur am meisten belasteten Fläche am Fuß wird (Abbildung 44). Diese Stelle liegt natürlich direkt unterhalb des hinteren Teils des Klauenbeins und erhöht das Risiko, daß die Lederhaut in der Bewegung gequetscht wird.

Wird dieser überstehende Rand beim Klauenschneiden entfernt, so kann oftmals an dieser Stelle eine geringfügige Blutung oder sogar eine Hämorrhagie in das Horn auftreten. Man nimmt an, daß die verschiedenen Faktoren, die allgemeine Wucherungen an der Außenklaue verursachen, ebenfalls für das übermäßige Wachstum an der Sohle verantwortlich sind. Interessant ist, daß an den Vorderfüßen die innere (mediale) Klaue größer wird und dort das Wachstum des Sohlenhorns auftritt. Leider entwickeln sich Sohlengeschwüre auch am häufigsten an der inneren (medialen) Klaue der Vorderfüße.

## Unterschiedliche Klauengröße

Die dritte Art von übermäßigem Klauenwachstum tritt in Form unterschiedlicher Klauengröße auf. Es wurden bereits verschiedene Gründe für die Tatsache gefunden, daß die Außenklaue der Hinterfüße größer wird als die Innenklaue. Beispiel:

- Schlechtere Verankerung des Klauenbeins in der Außenklaue (im Vergleich zur Innenklaue) führt zu verstärkten Quetschungen an der Lederhaut,
- größere Unterschiede bei der Gewichtsbelastung der Außenklaue beim Gehen,
- die Tendenz, beim Stehen die Sprunggelenke nach innen bzw. die Klauen nach außen zu drehen, besonders bei übermäßigem Wachstum im Bereich der Klauenspitze.

Außerdem können um die Kalbung Schwellungen am Euter (Ödeme) und Stoffwechselveränderungen, die eine Klauenrehe (Coriitis) nach sich ziehen, auch eine Rolle spielen. Mit einem geschwollenen und schmerzhaften Euter wird die bald abkalbende Kuh beim Gehen ihre Hinterbeine bogenförmig nach außen bewegen und beim Stehen die Beine etwas weiter auseinander halten. Die Außenklaue hätte dann weniger Bodenkontakt, würde nicht so stark abgenützt und es könnte übermäßiges Hornwachstum auftreten.

Bis zur Mitte der Laktationsperiode, wenn das Euter eine geringere Größe aufweist, kann an den Außenklauen längst übermäßiges Hornwachstum aufgetreten sein, und die Kuh wird im Stehen weiterhin die Beine nach außen biegen.

Es hat sich gezeigt, daß Hämorrhagien und andere Veränderungen des Sohlenhorns im allgemeinen um den Kalbezeitpunkt auftreten und das »Subklinische Laminitis-Syndrom« (SLS) verursachen (27). (Da sich auf der Sohle keine Lamellen befinden, wäre der Fachbegriff Lederhautentzündung = Coriitis zutreffender.) Nach der Geburt zeigen sich auch am Horn der weißen Linie degenerative Veränderungen (40).

Die Gesamtwirkung aus all diesen oben ausführlich beschriebenen Vorgängen könnten Beschwerden in den Klauen und übermäßiges Klauenwachstum sein, insbesondere in den Außenklauen. Durch regelmäßiges sorgfältiges Klauenschneiden können diese Vorgänge beeinflußt und die nachteiligen Auswirkungen von Haltung, Fütterung und Zucht, denen die Tiere zwangsläufig ausgesetzt sind, ausgeglichen werden.

# Klauenpflege

## Erforderliche Ausrüstung

Zur Klauenpflege stehen verschiedene Werkzeuge und Ausrüstungen zur Verfügung. Die von mir verwendeten sind auf Abbildung 46 dargestellt. Das heißt natürlich nicht, daß es nicht noch andere, gleichwertige gibt. Jeder muß für sich selbst entscheiden, mit welchen Werkzeugen er oder sie am besten zurechtkommt.

Am besten eignet sich wohl ein zweischneidiges Klauenmesser. Es ist angebracht, ersatzweise zwei Messer zu verwenden, für jede Schneiderichtung eines. Dies hat jedoch zur Folge, daß man jedesmal, wenn man die Schneiderichtung wechselt, auch die Messer wechseln muß. Da ich oftmals einige Vorwärtsschnitte hintereinander ausführe, bevor ich nach rückwärts schneide, finde ich diese Messerwechsel recht umständlich.

Es ist vor allen Dingen wichtig, daß das Messer scharf ist. Eine Kettensägefeile paßt von der Größe her in den Haken am unteren Ende des Messers und ist daher sehr praktisch. Das scharfe Messer kann beim Transport zum Schutz in ein Tuch eingewickelt oder in den alten Einsatz einer Melkmaschine geschoben werden. Beim Klauenschneiden, und besonders wenn man den Fuß nach Eiterspuren untersucht, ist es empfehlenswert, zum Schneiden die flache Messerklinge zu benutzen (siehe Abbildung 47). Verwendet man ausschließlich das gebo-

**Abb. 46: Ausrüstung für die Klauenpflege: Scheren, zweischneidiges Messer, Feile.**

**Abb. 47: Halten Sie das Messer mit beiden Händen und schneiden Sie mit der flachen Schneide. Führen Sie es – wie beim Sägen – nach unten und über die Klaue hinweg.**

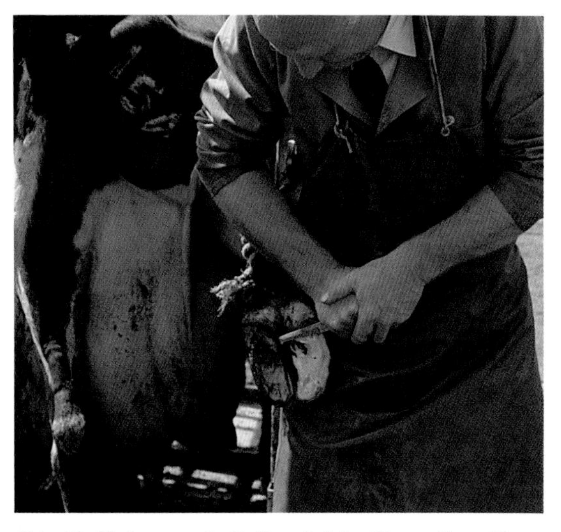

**Abb. 48: Die bevorzugte Stellung bei der Klauenpflege: hinten an der Kuh, das Gesicht ebenfalls nach hinten, die Klauen der Kuh auf dem Knie des Klauenpflegers.**

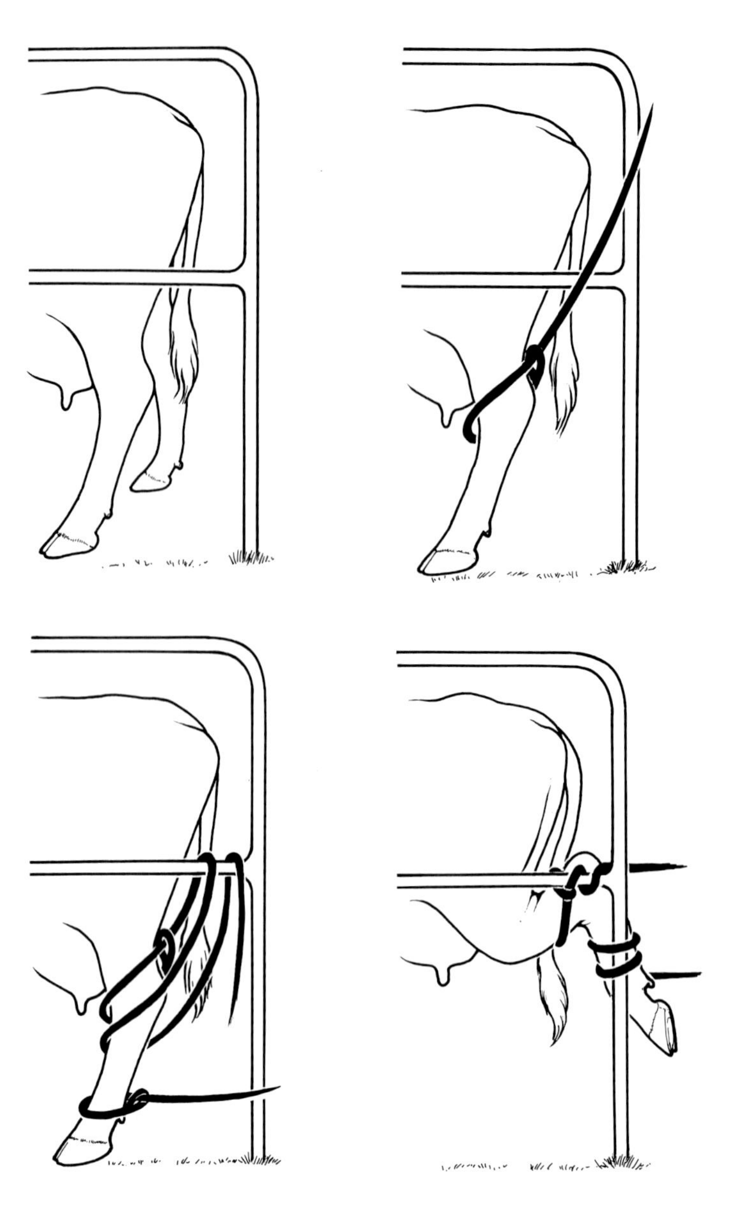

Abb. 49: Bei dieser Methode werden zwei Seile dazu verwendet, das Hinterbein einer Kuh anzuheben und das Krongelenk an der senkrechten Stange am hinteren Ende des Behandlungsganges sicher zu befestigen.

gene Ende, so ist es viel schwieriger, Läsionen in den Klauen zu bemerken und auch das Schneiden dauert viel länger. Man sollte das Messer nicht einfach durch die Klaue senkrecht nach unten drücken. Wenn man die Schneide über die Klaue hinwegführt (d.h. von links nach rechts, siehe Abbildung 47) und gleichzeitig in Zehenrichtung Druck ausübt, führt man eine Bewegung wie beim Sägen durch und das Schneiden wird dadurch vereinfacht. Bei einem besonders harten Klauenhornschuh (z.B. während eines trockenen Sommers) ist es auch hilfreich, die Schneide zu befeuchten.

Ich persönlich halte es für das Beste, beim Klauenschneiden hinten an der Kuh zu stehen, d.h. mein Gesicht schaut nach hinten und die Klauen der Kuh liegen auf meinem Knie auf (siehe Abbildung 48). Wenn man das Messer in beiden Händen hält und beim Schneiden nach unten drückt, geht ein großer Teil der Kraft von den Schultern aus. Außerdem ist dies eine gute Stellung, um sich die Klauen bildlich vorzustellen und dadurch bei Beendigung des Klauenschneidens eine ebenmäßige, korrekte, belastbare Klaue zu erhalten. Manche Klauenpfleger bevorzugen jedoch eine den Klauen zugewandte Stellung und führen beim Schneiden das Messer auf ihren Körper zu.

Zur Entfernung des Klauenspitzenhorns kann eine Vielzahl von Scheren verwendet werden (Abbildung 46). Ich benutze die Schere rechts auf dem Bild, obwohl die kleinere links im Bild vom Gewicht her viel leichter ist und außerdem den Vorteil hat, daß man sie einhändig verwenden kann und damit die zweite Hand frei hat, um die Klaue in der richtigen Position zu halten. Bei vielen Klauenpflegern ist die Klauenscherungsmethode sehr beliebt, um große Flächen mit einem Schnitt zu entfernen.

Nach Beendigung der Klauenpflege ist eine grobe Feile von großem Nutzen, da mit ihrer Hilfe die Ecken und scharfen Kanten ausgeglichen werden können. Nach dem Schneiden geht man noch mit der Feile über die Hufflache, um sicherzugehen, daß von der Ferse bis zur Zehe ständiger Bodenkontakt besteht und bei Belastung das Gewicht gleichmäßig verteilt wird. Dementsprechend kann man mit Hilfe der Feile gewährleisten , daß an der Klauenspitze die Innen-und Außenwände die gleiche Höhe aufweisen.

Wenn man mehrere Klauen hintereinander schneidet, sollte man unbedingt Schutzhandschuhe tragen. Man kann damit größeren Druck auf das Messer ausüben und das Messer kann einem nicht so leicht aus der Hand gleiten, wenn es naß oder schmutzig ist. Wenn Sie einmal gesehen haben, wie schnell ein Paar Stoffhandschuhe beim Klauenschneiden verschlissen werden, wird Ihnen bewußt, wieviel Schaden Sie Ihren Händen zufügen!

Gelegentlich benutzte ich elektrische Schleif-und Schneidewerkzeuge, sie waren jedoch nie von großem Nutzen. Vielleicht hätte ich es über längere Zeit probieren sollen ! Mit einem scharfen Messer mit einem guten Griff arbeitet man bestimmt genauso schnell und wirkungsvoll, und man kann es zum Formen der Klauen verwenden. Wenn elektrische Geräte in unerfahrene Hände gelangen, so besteht die Gefahr, daß zu viel von der Klaue entfernt wird oder die Sohle übermäßig flach gerät. Außerdem führen manche Geräte zu einer Überhitzung des Horns mit nachfolgender Schädigung und Schwächung des Klauenhorns.

## Das Anbinden der Kuh

Dies ist ebenfalls eine Frage der persönlichen Wahl. Vorausgesetzt die Kuh wird so angebunden und gestützt, daß sie sich nicht übermäßig stark zur Wehr setzen oder sich selbst Verletzungen zufügen kann, und vorausgesetzt die Klauen sind ausreichend fixiert, so daß der Klauenschneider nicht verletzt werden, aber dennoch seine Arbeit sachgemäß durchführen kann, dann sind die einzelnen Anbindemethoden eigentlich von untergeordneter Bedeutung.

Ich persönlich mag Kipptische nicht besonders. Ich bin der Meinung, daß sich die Klauen dabei in keiner optimalen Stellung für das Klauenschneiden befinden und ich kann es nicht gut finden, wie die Kühe beim Zurückkippen auf den Boden sacken. Bauchgurte stellen für die Tiere eine gute Stütze dar, ihr Anbringen ist jedoch etwas zeitaufwendig und in manchen Fällen erschlaffen die Tiere dabei und müssen, bevor man sie entläßt, auf den Boden hinabgelassen werden. Ein einziger Gurt, der direkt hinter den Vorderbeinen als Stütze für den Brust-

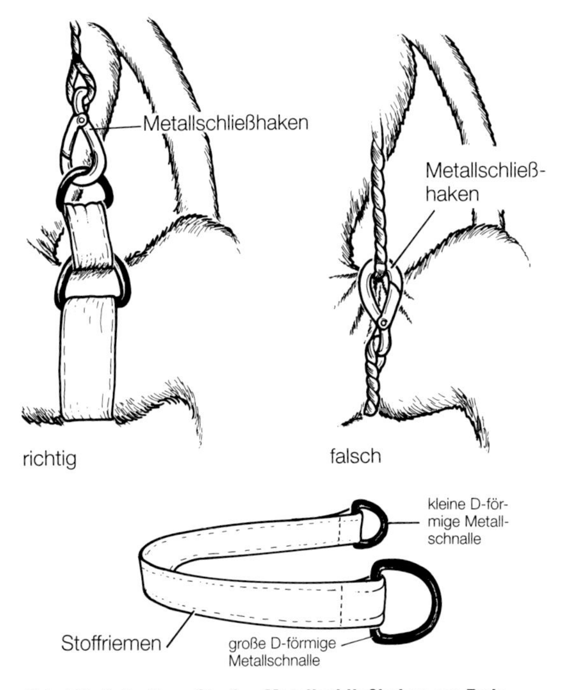


**Abb. 50: Befestigen Sie den Metallschließhaken am Ende des Hubseils nicht direkt am Sprunggelenk der Kuh. Ein Gurt (unten) oder ein kurzes Seil eignen sich viel besser und die Kuh wird sich im Stehen ruhig verhalten.**

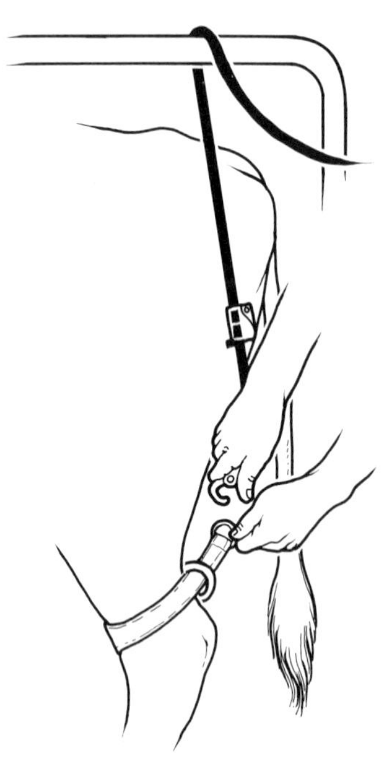

Abb. 51: Binden Sie die Kuh in einem Behandlungsgang oder Stand an und legen Sie das Seil über die obere Stange oder einen Balken. Legen Sie den Beinriemen um das Hinterbein, oberhalb des Sprunggelenks, indem Sie den kleineren Metallring durch den größeren hindurchziehen. Verbinden Sie Seil und Beinriemen mit Hilfe des Schließhakens (D.Pepper).

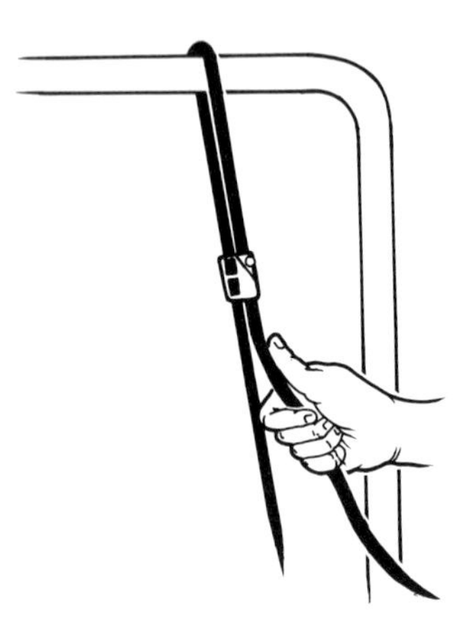

Abb. 52: Führen Sie das freie Seilende durch die Fixierleiste, innerhalb der Leitschiene und nach unten durch das Klemmteil. Zieht man nun vorsichtig an dem Seil, so wird das Tragseil nach oben gezogen, ohne auf das Bein irgendwelchen Druck auszuüben (D.Pepper).

korb angebracht wird, sorgt für eine ausgezeichnete Ruhigstellung beim Schneiden der Klauen an den Vorderfüßen. Bei richtiger Anbringung wird sich die Kuh dabei ganz ruhig verhalten.

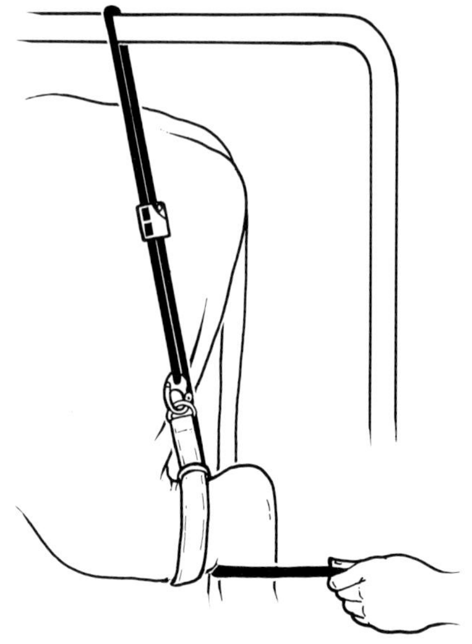

Abb. 53: Führen Sie das Seil um die Innenseite des Beines und ziehen Sie von hinten kurz und kräftig in sicherem Abstand von der Kuh. Sobald die Kuh ausschlägt, halten Sie die Seilspannung, so daß das Bein angehoben und durch die Fixierleiste in jeder neuen Stellung gehalten wird. Wenn man die für Klauenpfleger und Kuh optimale Höhe erreicht hat, wird die Gliedmaße mit Hilfe des langen Seilendes an einer geeigneten Stange sicher befestigt. (D.Pepper)

Verwendet man zum Anheben der Hintergliedmaßen eine Winde, so sollte diese einen Selbstsperrmechanismus sowie entweder ein großes Handrad oder eine Schraube besitzen, die man zum Anheben betätigt. Ich habe schon oft Verletzungen gesehen, wenn eine sich zur Wehr setzende Kuh aus Versehen den Windenmechanismus auslöste!

Wenn Seile verwendet werden sollen, so bevorzuge ich die auf Abbildung 49 dargestellte Methode. Direkt oberhalb des Sprunggelenks befestigt man ein Seil mit einem Laufknoten, der sich beim Anheben zusammenzieht und somit verhindert, daß sich die Kuh zur Wehr setzen kann. Man schlingt das Seil um eine Seitenstange des Behandlungsstandes und dann ein zweites Mal um das Sprunggelenk, bevor man wieder zur gleichen Seitenstange zurückkehrt. Dadurch wird die Wirkung eines Flaschenzuges erreicht . Daraufhin wird um das Krongelenk ein zweites Seil angebracht. Wenn man nun an diesem zweiten Seil  zieht, tritt die Gliedmaße der Kuh etwas nach hinten und wird angehoben. Bei gleichzeitigem Ziehen am ersten Seil wird die Gliedmaße angehoben. Das Sprunggelenk wird an der waagrechten Stange, das Krongelenk an der senkrechten Stange des Behandlungsstandes sicher verankert. Die Kuh ist fest angebunden, kann sich kaum zur Wehr setzen und wird doch gleichzeitig gut gestützt, um einen Sturz im Behandlungsstand zu vermeiden. Diese Methode funktioniert am besten bei zwei Klauenschneidern.

Eine ähnliche Methode mit nur einem Seil stellt das »Pepper« Fußseil dar (siehe Abb. 50 bis 53). Es besteht aus einem Beinriemen und einem biegsamen Seil, an dessen Ende sich ein Schließhaken befindet, sowie einer Fixierleiste, die in kurzer Entfernung vom Schließhaken angebracht ist.

Sowohl für den Klauenschneider als auch für die Kuh ist es von Vorteil, wenn die verwendeten Seile nicht zu dick sind. Bei Verwendung einer Winde sollten Sie sich vergewissern, daß der Metallschließhaken am Ende des Seiles nicht in die Gliedmaße der Kuh einschneidet (das kommt leider nur allzu oft vor). Ideal ist ein kurzer Riemen (ungefähr 5 cm breit) mit einer D-förmigen Metallschnalle an beiden Enden, von denen die eine größer als die andere sein muß (siehe Abbildung 50). Der Riemen wird um das Sprunggelenk gelegt, die kleine Metallschnalle wird durch die große hindurchgezogen und der Metallschließhaken wird mit der kleinen Metallschnalle verbunden. Anstelle des Riemens kann ebenso gut ein Seil verwendet werden.

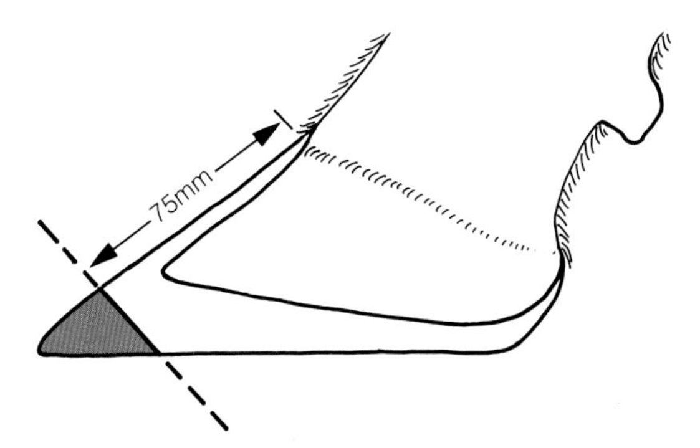


**Abb. 54: Erster Schnitt – Schneiden Sie die Zehe auf ihre korrekte Länge zurück, d.h. ungefähr 75 mm oder eine großzügige Handbreite.**

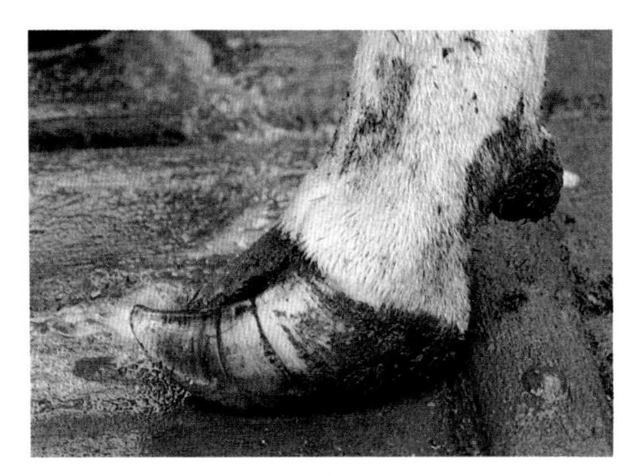

**Abb. 55: Klaue vor dem Schneiden.**

## Die Technik des Klauenschneidens

Ziel des Klauenschneidens ist es, die normale Form und die belastbaren Flächen des Hufes wiederherzustellen. Zum besseren Verständnis dieses Vorgangs ist es vorteilhaft, die Kapitel Zwei und Drei vorab zu lesen, in denen die normale Klaue und zu stark gewachsene Klauen behandelt werden.

Das Klauenschneiden besteht im wesentlichen aus vier Stufen. Obwohl hier jede einzelne Stufe separat beschrieben wird, gehen die Stufen in Wirklichkeit ineinander über, während die Klaue ihre ursprüngliche Form zurückerhält.

### Erster Schnitt

Schneiden Sie die verlängerte Klauenspitze auf ihre ursprüngliche Länge zurück, d.h. ungefähr 75mm vom Kronrand bis zur Zehe (Abbildung 54). Das entspricht ungefähr einer Handbreit. Legen Sie den Daumen an die Trachtenwand und die Handfläche mit den übrigen Fingern (die sich nicht ganz berühren sollten) auf die Außenwand (abaxiale Wand) der Außenklaue. Dabei reicht der Zeigefinger bis ans obere Ende des Zwischenklauenspaltes. Die Zehe sollte auf gleicher Höhe mit dem kleinen Finger geschnitten werden. Die erforderliche Breite entspricht einer Spanne. Seien Sie dabei ruhig großzügig, d.h. lassen Sie lieber etwas mehr stehen, anstatt zuviel wegzuschneiden. Natürlich gibt es beträchtliche Abweichungen bei der »natürlichen« Klauenform (siehe Seiten 20 bis 22). Die beschriebenen Abstände dienen nur als Anhaltspunkte und jede Kuh muß bis zu einem gewissen Grad individuell beurteilt werden. Führen Sie den Schnitt im rechten Winkel zur Vorderseite und nicht im rechten Winkel zur Sohle durch, weil dadurch der unter Schnitt Zwei beschriebene Schneidevorgang ver-

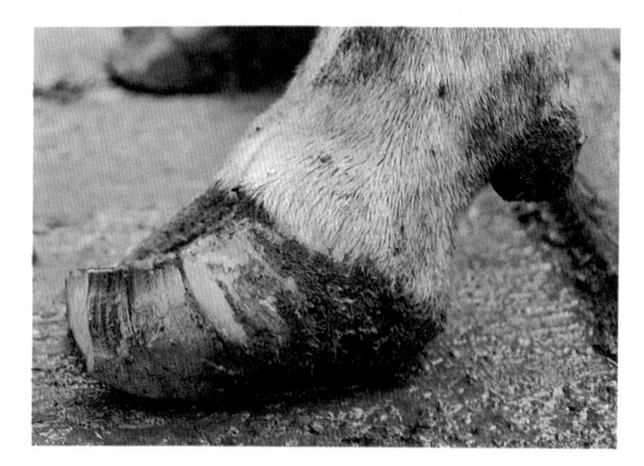

Abb. 56: Viereckig endende Zehe nach dem ersten Schnitt.

Abb. 57: An der Zehe ist die weiße Linie auf der Sohlenoberfläche nicht mehr zu erkennen, nur am geschnittenen Teil.

kürzt wird. Nach dem ersten Schnitt weist der Huf an der Zehe eine viereckige Form auf (siehe Abbildung 56). Vergleichen Sie bitte mit Abbildung 55, auf der dieselbe Klaue vor dem Schneiden dargestellt ist. Auf Abbildung 57 ist die Nahaufnahme einer geschnittenen Zehe abgebildet. An der Zehe ist die weiße Linie auf der Fußungsfläche nicht mehr zu erkennen, nur noch an der geschnittenen Kante.

Obwohl der Klauenhornschuh nun die korrekte Länge aufweist, ist er an der Klauenspitze doch noch zu hoch (Abbildung 56) und das Klauenbein bleibt weiterhin in der nach unten rotierten Stellung. Da die weiße Linie an der Klauenspitze nun fehlt, kann das Gewicht nicht entlang der Hufwand übertragen werden.

## Zweiter Schnitt

Ziehen Sie vom oberen Ende des ersten Schnittes (»A«) bis zur Ballenunterseite (»B«) eine Linie und entfernen Sie das gesamte, unter dieser Linie befindliche Horn, d.h. beseitigen Sie den gesamten farbigen Bereich von Abbildung 58. Der Großteil dieser Arbeit wird in der Entfernung von Klauenspitzenhorn bestehen. Wenn der erste Schnitt korrekt durchgeführt wurde, besteht keine Gefahr, die Sohle zu durchdringen, obwohl Sie im weiteren Verlauf des Schneidens die Sohlendicke immer wieder überprüfen sollten, indem Sie mit Hilfe Ihres Daumens im Bereich der Zehe Druck ausüben. Sobald sie sich weich anfühlt oder »nachgibt«, muß auf weiteres Schneiden verzichtet werden. Dies kann passieren, wenn der erste Schnitt zu kurz angesetzt wurde (siehe Abbildung 59). Der zweite Schnitt würde dann die Sohle durchdringen.

Ein anderer weitverbreiteter Fehler ist auf Abbildung 60 dargestellt. Der erste Schnitt wurde zu kurz durchgeführt, so daß nun die Zehe, um ein Durchdringen der Sohle zu vermeiden, ihre viereckige Form behält. Das bedeutet, daß die Klauenwand an der Klauenspitze keine belastbare Fläche mehr darstellt und daß an ihrer Stelle die Sohle belastet wird. Dies könnte Quetschungen an der Sohle und Beschwerden für das Tier zur Folge haben.

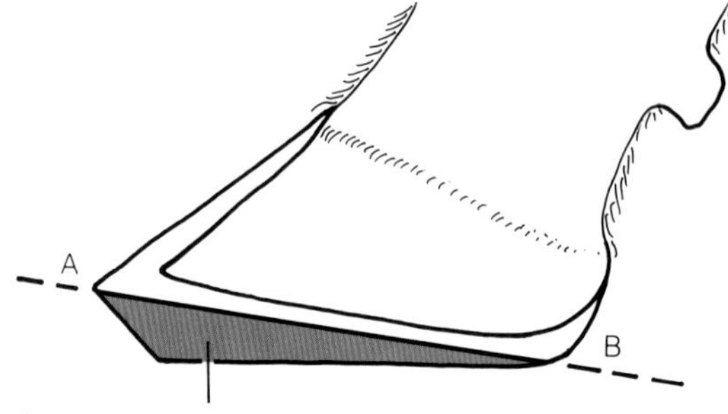


Abb. 58: Zweiter Schnitt – Entfernung von überschüssigem Horn, vor allem an der Klauenspitze, so daß die Klauenvorderseite wieder in einem Winkel von 45 Grad verläuft.

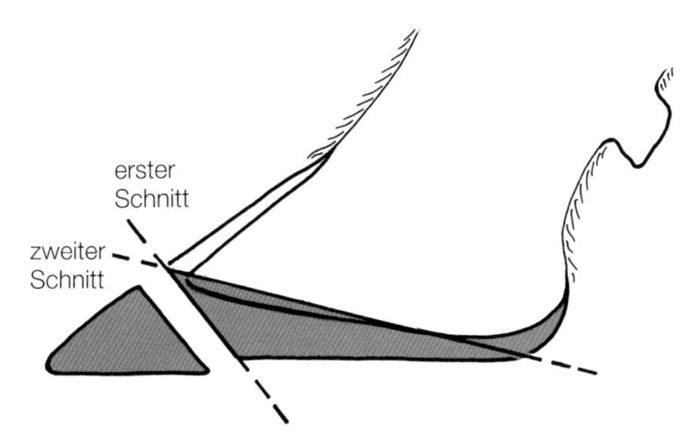


**Abb. 59: Der erste Schnitt wurde zu kurz durchgeführt. Der zweite Schnitt würde somit die Lederhaut (das Corium) an der Klauenspitze durchdringen.**

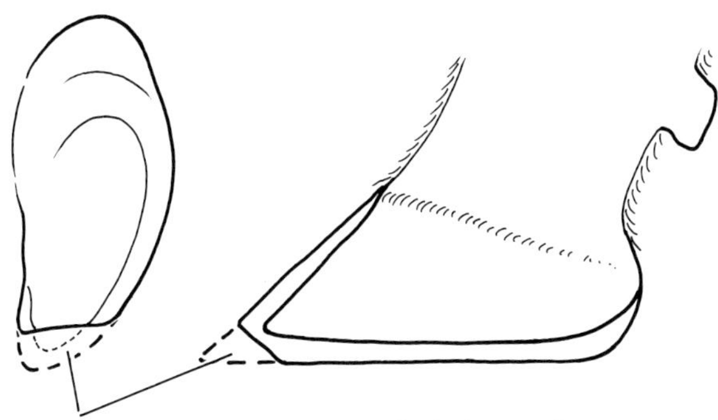


**Abb. 60: Wiederum wurde der erste Schnitt zu kurz durchgeführt und die Zehe erhält so eine viereckige Form. Das Gewicht kann nicht auf die Klauenwand an der Klauenspitze verlagert werden.**

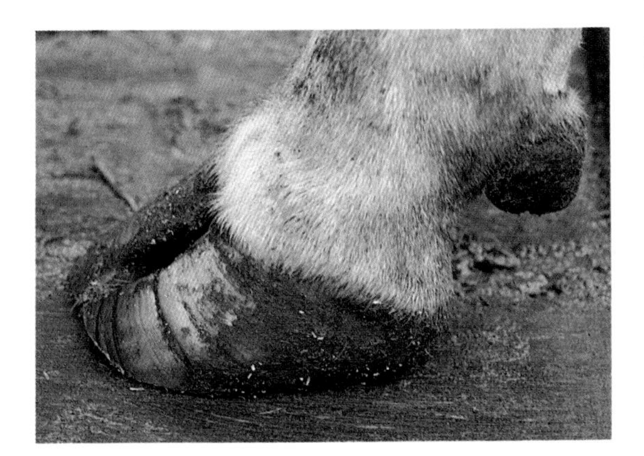

**Abb. 61: Nach erfolgter Klauenpflege. Die Vorderseite des Klauenhornschuhs weist einen viel steileren Winkel auf. Die Klauenspitze hat keinen vollständigen Bodenkontakt, da die Kuh im Behandlungsgang ihre Gliedmaße nach vorne gestellt hat.**

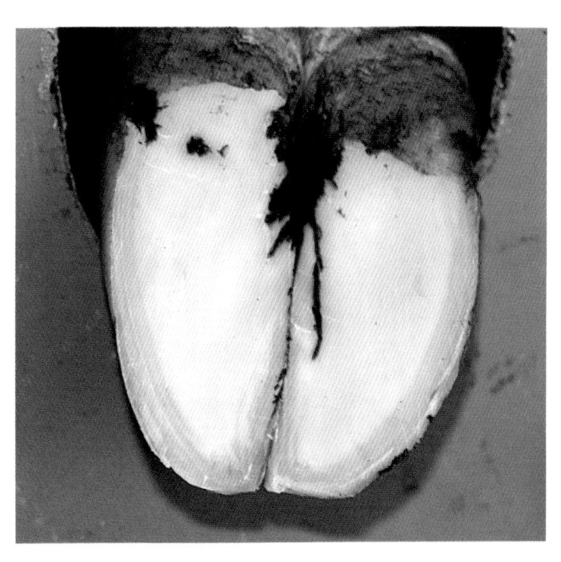

**Abb. 62: Zweiter Schnitt. Durch das Entfernen überschüssiger Sohle im Klauenspitzenbereich, wird die weiße Linie mit der umliegenden Wand langsam wieder sichtbar.**

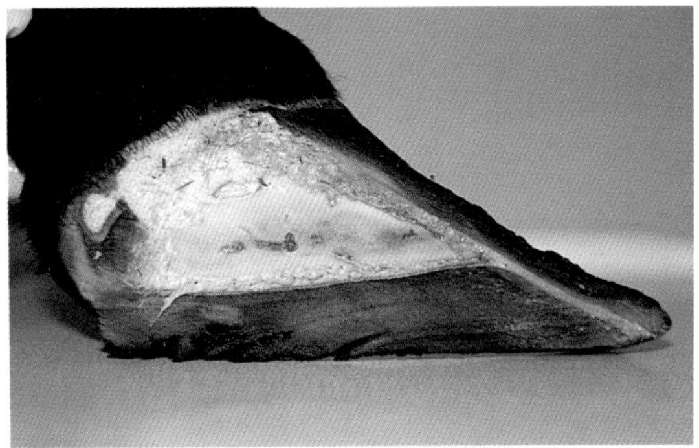

**Abb. 63: Eine zu lang gewachsene Klaue. An der Klauenspitze ist überschüssiges Horn zu erkennen.**

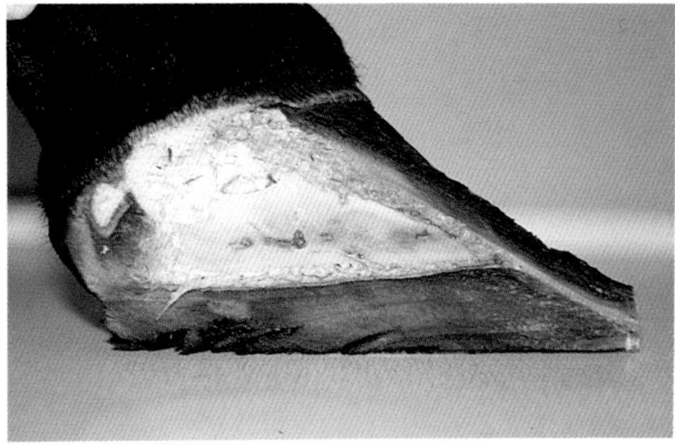

**Abb. 64: Eine zu lang gewachsene Klaue nach dem ersten Schnitt. An der Klauenspitze haben Wand und der Bereich der weißen Linie keinen Bodenkontakt mehr.**

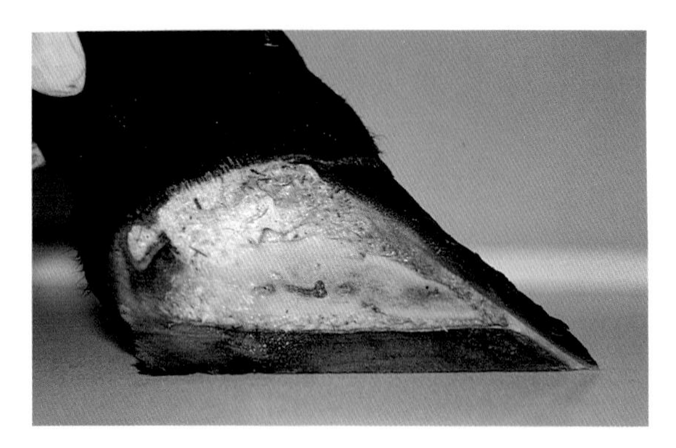

**Abb. 65: Die Klaue nach dem zweiten Schnitt. Die normalen, belastbaren Flächen wurden wiederhergestellt.**

Wurde der erste Schnitt jedoch korrekt angesetzt, so wird beim Entfernen von überschüssigem Horn im Verlauf des zweiten Schnittes, die weiße Linie wieder langsam sichtbar werden, bis sie wieder in ihrem gesamten Verlauf um die Zehe herum zu erkennen ist. Auf Abbildung 62 ist die gleiche Klaue wie auf Abbildungen 55 und 56 abgebildet, nur nach erfolgter Durchführung von Schnitt Zwei.

Der Effekt ist der, daß die Klauenwand wieder in einen steileren Winkel gebracht und daß an der Klauenspitze die Gewichtsbelastung wieder auf die Klauenwand verlagert wird. Die Klauenvorderseite weist nun wieder einen Winkel von annähernd 45 Grad auf, und das Klauenbein ist nach vorne geneigt, so daß dadurch mögliche Quetschungen durch sein hinteres Ende weitgehend vermieden werden können. Im Vergleich zu Abbildung 57 ist auf Abbildung 62 deutlich zu erkennen, daß an der Klauenspitze die weiße Linie wieder sichtbar geworden ist.

Die Abbildungen 63, 64 und 65 zeigen den ersten und zweiten Schnitt anhand eines Querschnitts durch die Klaue. Auf Abbildung 63 ist starkes Hornwachstum im Zehenbereich zu erkennen, der Ballen weist jedoch normale Höhe auf und das Klauenbein ist nach hinten gedreht.

Nach dem ersten Schnitt (Abbildung 64) haben die Klauenwand und die weiße Linie an der Zehe keinen Bodenkontakt mehr, d.h. sie werden nicht mehr belastet. Durch den zweiten Schnitt wird die Klauenspitze wieder belastet und das Klauenbein wird nach vorne gedreht (Abbildung 65).

Die Vorderseite des Klauenhornschuhs weist nun einen spitzeren Winkel auf. Manche Klauenpfleger lassen – wenn sie die Kühe vor der Aufstallung für den Winter schneiden – im Klauenspitzenbereich eine 5 mm große Stufe stehen, um Wachstum an der Klauenspitze einzukalkulieren. Ich kann darin allerdings keinen Vorteil erkennen.

## Dritter Schnitt

Beim dritten Schnitt wird von der Außenklaue (oder der Innenklaue) jedes überstehende Horn der Sohle entfernt (siehe Abbildung 45). Dann werden die Sohlen beider Klauen schüsselförmig vertieft, um über dem Bereich des Sohlengeschwürs eine konkave Fläche zu erhalten (Abbildung 66), damit dieses keiner Gewichtsbelastung ausgesetzt ist.

Dadurch vergrößert sich der Zwischenraum zwischen den Klauenspalten, so daß sich Fremdkörper und Schmutz schwerer festsetzen können und hierdurch das Auftreten von Ballenhornfäule und interdigitaler Dermatitis verringert wird. Die Erweiterung des Zwischenklauenspaltes bewirkt außerdem, daß das Gewebe in diesem Spalt weniger stark gequetscht wird. Gewebeneubildungen dieser Art sind auch unter dem Namen Interdigitales Fibrom bekannt, jedoch sollten sie korrekter als Interdigitale Hauthyperplasie bezeichnet werden, da sie ja Hautwucherungen darstellen. Die Vergrößerung des Zwischenklauenspaltes führt oftmals zu deren spontaner Ablösung.

Das schüsselförmige Aushöhlen der Fußungsfläche zur Herstellung einer Hohlkehlung darf nur am mittleren Drittel der Fußungsfläche vorgenommen werden. Die axial, im vorderen Drittel der Zehe gelegene Klaueninnenwand (C-D, Abbildung 66) darf nicht entfernt werden. Sie stellt eine wichtige belastbare Fläche dar und sollte daher auf gleicher Höhe mit der angrenzenden Klauenaußenseite liegen.

Nach Beendigung des Klauenschneidens sollten die Punkte 1, 2, 3 und 4 von Abbildung 66 horizontal gesehen alle auf der gleichen Ebene liegen.

Die Entfernung der axialen Wand ist ein weitverbreiteter Fehler, den viele Tierhalter begehen. Die Theorie, daß sich die Zehen, nach Beendigung des Schneidens, nicht berühren sollten, ist völlig falsch. Durch das Entfernen der axialen Wand wird

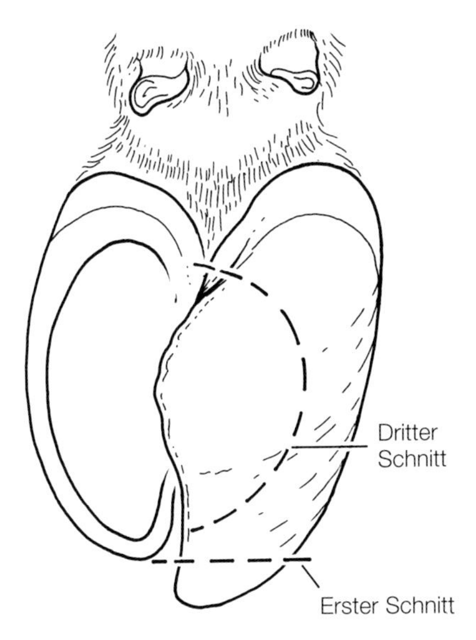


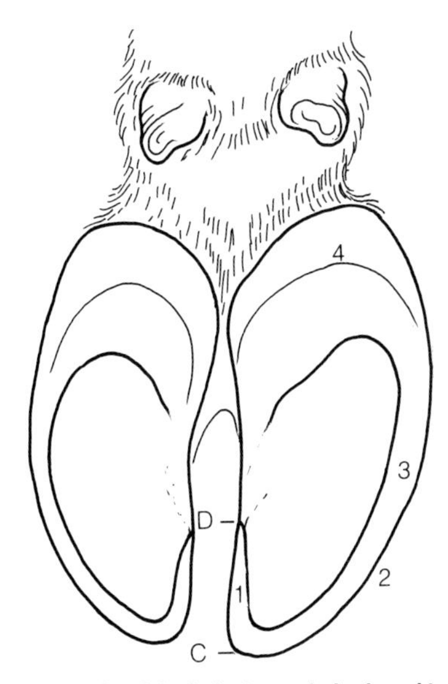


**Abb. 66: Dritter Schnitt. Entfernen Sie sämtlichen Zuwachs an der Sohle, so daß die Gewichtsbelastung wieder korrekt auf die entsprechenden Flächen verteilt ist und der Bereich des Sohlengeschwürs entlastet wird.**

die Klaue stark destabilisiert, da nur noch eine Seite als Stütze dient. Bei der Beseitigung von überschüssiger axialer Wand kann man außerdem an dieser Stelle die Lederhaut durchdringen. Ich konnte schon bei zahlreichen Gelegenheiten Kühe beobachten, bei denen durch übereifriges Schneiden in diesem Bereich starkes Lahmen verursacht wurde. Diese bedauernswerten Fälle von Abszessen an der weißen Linie und unterlaufener Sohle, die eine Beteiligung der axialen Wand mit sich bringen, verursachen fast immer starkes Lahmen und sind schwer heilbar.

## Vierter Schnitt

Im Vergleich zur Innenklaue ist übermäßiges Wachstum an der Außenklaue von Milchkühen durchaus an der Tagesordnung. Die Gründe dafür finden Sie auf Seite 27. Die vierte Stufe des Klauenschneidens (Abbildung 67) besteht darin, überschüssiges Horn von der Außenklaue zu entfernen, so daß diese die gleiche Größe wie die Innenklaue aufweist. Der Effekt läßt sich am deutlichsten auf Abbildung 25 erkennen, sowie durch einen Vergleich der Abbildungen 55 und 61, auf denen eine Klaue vor und nach dem Schneiden dargestellt ist. Der vierte Schnitt stellt eine der wenigen Gelegenheiten dar, bei denen Ballenhorn entfernt werden muß, was mit großer Behutsamkeit vor sich gehen sollte. Außerdem sollte man sicherstellen, daß die entfernte Hornschicht vom Ballen bis zur Klauenspitze die gleiche Dicke aufweist. Die Entfernung von überschüssigem Ballenhorn könnte dazu führen, daß der Winkel der vorderen Klauenwand nicht mehr 45 Grad beträgt, die Klauenspitze sich vom Boden abhebt und das Klauenbein nach hinten an die Stelle gedreht wird, wo Quetschungen an der

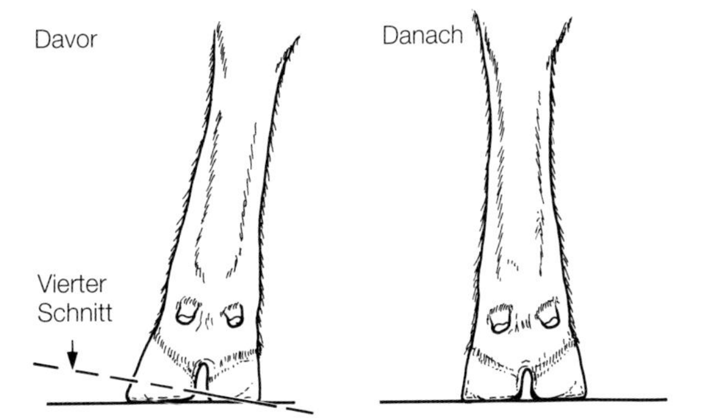


**Abb. 67: Vierter Schnitt. Beschneiden Sie die äußeren und inneren Klauen gleichmäßig (links), um die Beinstellung der Kuh wieder gerade zu stellen (rechts). Das bedeutet normalerweise, daß zusätzliches Horn von der seitlichen Klaue am Hinterfuß und der mittleren Klaue am Vorderfuß entfernt werden muß.**

Lederhaut auftreten können. Finden sich jedoch lose herabhängende Teile von stark vereitertem Ballenhorn, so sollten diese beseitigt werden.

Bei Kühen mit sehr stark vernachlässigten und übermäßig gewachsenen Klauen ist es bisweilen nicht möglich, alle Defekte in einem Klauenschneiddurchgang zu beheben. Dies gilt vor allem für die Fälle von Klauenrehe,bei denen die vordere Klauenwand eine konkave Form aufweist wie auf Abbildung 27. Unter Umständen sind in einem Zeitraum von 9-18 Monaten zwei oder drei Durchgänge erforderlich, um den chronisch deformierten Klauenhornschuh in seine korrekte Stellung zurückzubringen; bei einigen wird dies nie mehr ganz gelingen.

## Der richtige Zeitpunkt für die Klauenpflege

Leider ist Klauenpflege keine einmalige Angelegenheit. Obwohl durch das Schneiden die Fußstruktur, der Gang und das allgemeine Wohlbefinden der Kuh zweifellos verbessert werden, wird bei Kühen, die schon vor dem Schneiden schlecht gehen konnten, höchstwahrscheinlich neues, übermäßiges Wachstum des Klauenhorns auftreten, das erneutes Schneiden erforderlich macht. Dies wird besonders dann der Fall sein, wenn die in Kapitel Sechs beschriebenen Fehler hinsichtlich Haltung, Fütterung und Unterbringung nicht behoben werden. Klauenpflege ist demnach ein fortlaufender Prozeß, vergleichbar mit den Maßnahmen,die ein Tierhalter zur Eindämmung von Mastitis ergreifen muß.

Ich bin der Meinung, daß die Klauenpflege zu den Aufgaben eines Tierhalters gehört. Dabei sind, wie bei vielen anderen Aufgaben auch, Auffrischungskurse sehr nützlich, wobei es natürlich Fälle gibt, bei denen zusätzlich der Rat eines Tierarztes nötig ist. Es hat sich gezeigt, daß routinemäßige Klauenpflege sowohl die Häufigkeit von Lahmheit reduziert als auch den Gang, die Bewegungsfreudigkeit und somit das Wohlbefinden der Kühe verbessert (18, 43).

Welches ist der beste Zeitpunkt zur Klauenpflege? Auch hierfür gibt es keine festgelegten Richtlinien, doch sollte man im Regelfall die Klauen untersuchen, wenn

- die Kuh lahmt oder beim Gehen Beschwerden aufweist;
- starkes Klauenhornwachstum vorliegt. Man bemerkt es, wenn die Kühe durch einen Fischgrätenmelkstand gehen und dabei beide Seiten der Klauen und die Sohlenflächen sichtbar sind;
- die Kuh trockengestellt wird.

Wenn man die Klauen in dieser Zeit untersucht, hat es den Vorteil, daß

- das Klauenhornwachstum, das sich unter den Belastungen des Abkalbens und der Laktation angehäuft hat, entfernt werden kann,
- angesichts häufig auftretender Lahmheit in der frühen oder mittleren Laktationsperiode und der entstehenden wirtschaftlichen Auswirkungen, die Klauen vor dem Kalben in einwandfreiem Zustand sein sollten,
- Kühe, die zu weit geschnitten wurden und daher weiche Sohlen aufweisen, durch das Weiden während ihrer Trockenstellung genügend Zeit zur Regeneration haben.

Es ist zu empfehlen, beim Trockenstellen eine Untersuchung der Klauen vorzunehmen, anstatt gleich zu schneiden. Bei manchen Kühen ist es einfach nicht notwendig, die Zehen zu kürzen und es reicht aus, von der Sohle ein paar Hornstreifen zu entfernen, um eventuell Quetschungen der weißen Linie zu entdecken. Wenn immer wieder dogmatisch darauf bestanden wird, daß beim Trockenstellen alle Zehen geschnitten werden müssen, so bedeutet dies nicht nur unnötige Zeitverschwendung, es kann für die Kuh sogar schädlich sein, wenn die Zehe in der »viereckigen« Form belassen wird und nicht mehr richtig belastet werden kann oder wenn die Sohle danach zu dünn und weich ist.

# Häufige Klauenerkrankungen

Bevor wir über die verschiedenen Haltungs-, Ernährungs- und Managementfaktoren sprechen, die bei der Vorbeugung von Lahmheit eine Rolle spielen, müssen wir uns ein Bild von den häufigsten daran beteiligten Erkrankungen und deren Behandlung machen. Einige der Behandlungsmethoden können von erfahrenen Tierhaltern vorgenommen werden, wohingegen andere die fachmännische Behandlung durch einen Tierarzt erfordern. Im Zweifelsfall rufen Sie immer den Tierarzt. Eine Kuh besitzt zuviel Wert, als daß man ein Risiko eingehen sollte. Außerdem könnte eine Fehlentscheidung eine noch viel teurere Behandlung zu einem späteren Zeitpunkt erforderlich machen oder sogar den Verlust der Kuh zur Folge haben.

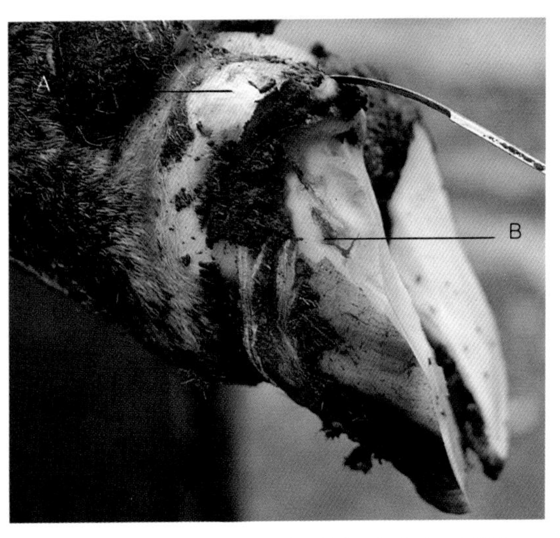


**Abb. 69: Ein Abszess in der weißen Linie. Bei »A« tritt Eiter aus dem weicheren Saumhorn am Ballen aus. »B« stellt die ursprüngliche Penetrationsstelle an der weißen Linie dar.**

## Abszesse in der weißen Linie

Der detaillierte Aufbau der weißen Linie sowie die Auswirkungen der Klauenrehe auf diese Struktur werden auf den Seiten 7 bis 8 und 13 bis 15

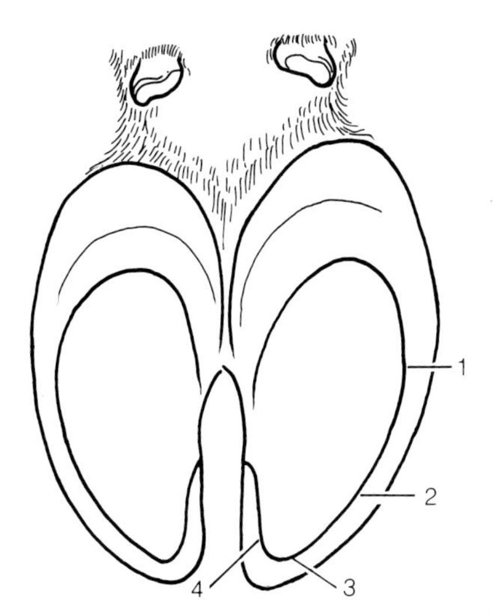


**Abb. 68: Häufige Eintrittsstellen von Infektionskrankheiten an der weißen Linie, angeordnet nach der Häufigkeit ihres Auftretens (1 bis 4).**

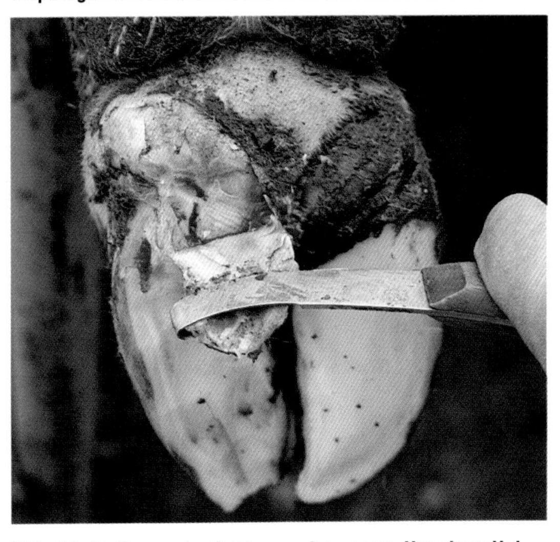

**Abb. 70: Freilegen der Sohlenvereiterungen. Um einen Heilungserfolg zu erzielen, muß das überständige, vereiterte Horn vollständig entfernt werden.**

behandelt. Ist diese Struktur erst einmal geschwächt, können kleine Schmutzpartikel oder selbst größere Steinchen mit scharfen Kanten eindringen. Die häufigsten Eintrittsstellen sind auf Abbildung 68 dargestellt. An der axialen Klauen-

Abb. 71: Eiter, der aus einem Abszess an der weißen Linie austritt.

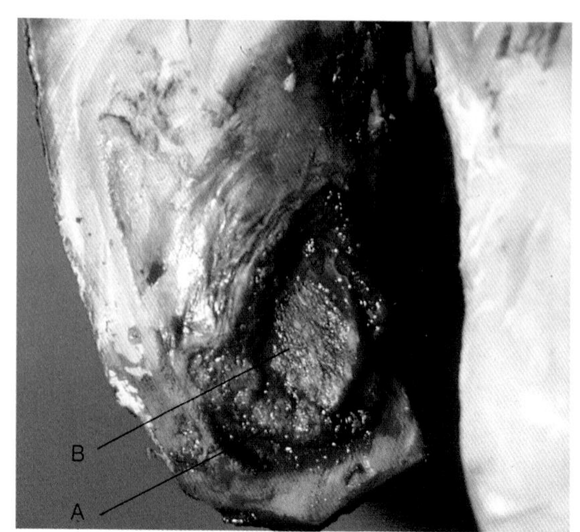


Abb. 73: In Fällen starker Vernachlässigung, kann die Lederhaut (A) vollständig abgetragen sein und das Klauenbein ungeschützt freiliegen (B).

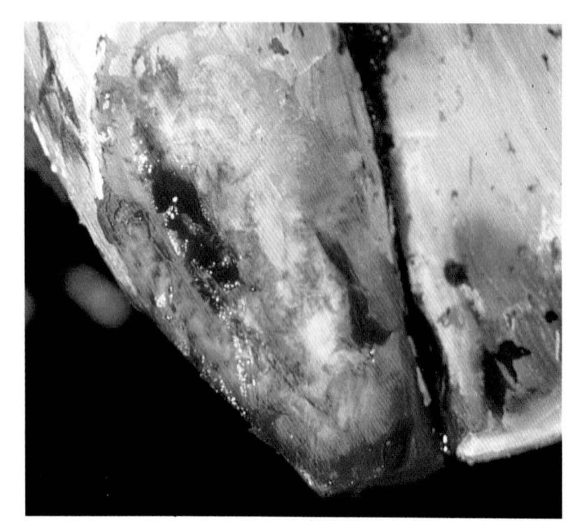

Abb. 72: Entfernung der vereiterten Hornschicht.

Abb. 74: Infektion der weißen Linie, die sich am Kronrand entleert.

wand sowie in Richtung Ballen (Punkt 1) liegen die häufigsten Eintrittspunkte, da beim Gehen an dieser Stelle die größten Kräfte zwischen der starren Klauenwand, dem beweglichen Klauenbein und dem sich über dem Strahlpolster zusammenziehenden bzw. ausdehnenden Ballen einwirken. Durch übermäßiges Wachstum im Klauenspitzenbereich werden die Auswirkungen dieser Kräfte noch verstärkt.

Als Folge von Eindringen von Schmutz oder Steinchen an der weißen Linie können zwei Vorgänge ablaufen. Das ständige Wachstum der Klaue und der weißen Linie kann bewirken, daß diese Teilchen an die Oberfläche geschafft werden, wo sie abgenutzt und schließlich abgestoßen werden. Die zweite Alternative ist die weitere Erweichung der weißen Linie. Der Tritt auf ein weiteres Steinchen kann diese Fremdkörper dann noch tiefer in die Klaue drücken, bis sie letztendlich die Lederhaut (das Corium) erreichen. Diese Fremdkörper sind ganz offensichtlich infiziert. Die Bakterien vermehren sich, setzen den Abwehrmechanismus der Kuh in Gang, der daraufhin Eiter produziert. Der Eiter sammelt sich an, was zu verstärkter

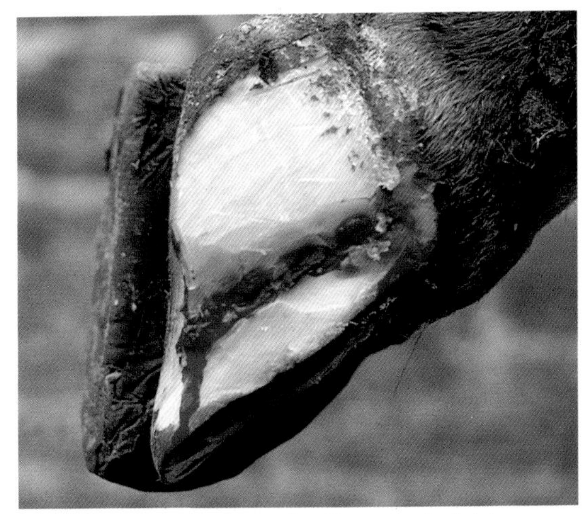

Abb. 75: Durch das Entfernen der Klauenwand wird der Abszess geöffnet und entleert.

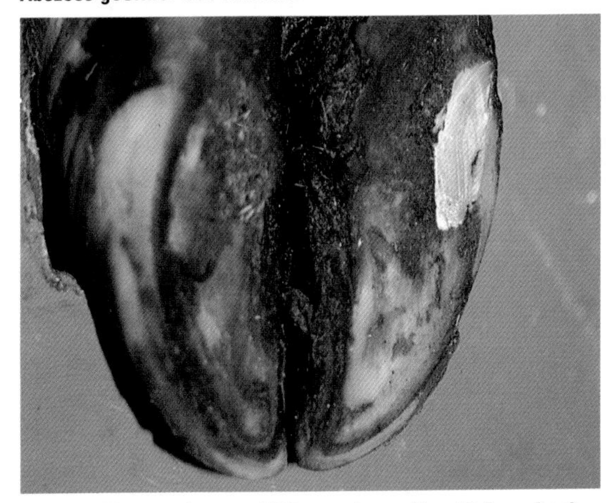

Abb. 76: Untersuchung auf Eiter an der weißen Linie: schneidet man mit Hilfe eines Hufmessers ein Stück heraus, so werden sich dort sehr wahrscheinlich Fremdkörper festsetzen.

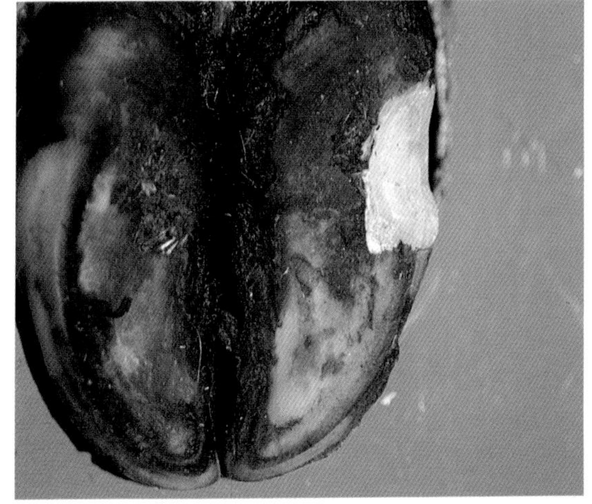

Abb. 77: Eiter an der weißen Linie.

Druckeinwirkung und, daraus resultierend, zu Schmerzen und Lahmheit führt.

Obwohl die Schmutzteile durch die weiße Linie eingedrungen sein können, wird die Eintrittspforte von der Klaue dicht umschlossen, und der Eiter hat keine Möglichkeit abzufließen. Es sammelt sich immer mehr Eiter an, der sich dann zwischen der Lederhaut (von der Epidermis überzogen) und der darüberliegenden Klaue ausbreitet. Das kann sowohl unter der Sohle (was zu Vereiterungen der Sohle führt) als auch unter der Klauenwand der Fall sein.

Da das Klauenbein verhältnismäßig fest mit der Zehe verbunden ist (Abbildung 3) gibt es für den Eiter in diesem Bereich wenig Platz um sich auszubreiten. Daher verursachen Infektionen der weißen Linie im Zehenbereich (Punkt 3, Abbildung 68), im Bereich der axialen Wand (Punkt 4) oder im ersten Drittel der abaxialen Wand (Punkt 2) meist akute Formen von Lahmheit. An Punkt 4 können Infektionen besonders schwer und langwierig verlaufen. Im Ballenbereich kann sich der Eiter jedoch stärker ausbreiten. Daher verursacht eine Infektion der weißen Linie an dieser Stelle ein weniger starkes Lahmen. Außerdem kann das weichere Saumhorn des Ballens leichter eitern und der Eiter an dieser Stelle somit schneller abfließen.

Auf Abbildung 69 sieht man die typische Wölbung des Ballenhorns (A), wo Eiter ausfließen kann. Es ist außerdem die Stelle zu erkennen, an der die weiße Linie durchdrungen wurde (B). Abbildung 70 zeigt das Ausmaß an vereitertem Horn, das vollständig entfernt werden muß, um einen schnellen Heilungserfolg zu erzielen. Das rötlich-weiße Gewebe unterhalb der Sohle ist die von der Epidermis bedeckte Lederhaut, woraus sich die neue Sohle bilden wird. Sobald der durch den Eiter verursachte Druck behoben wird, stellt sich im allgemeinen eine schnelle Besserung des Lahmens ein. Auf Abbildung 71 sieht man einen kleinen Eitertropfen, der aus einer weiteren Penetrationsstelle an der weißen Linie herausfließt. Wie bei jedem Abszeß, so muß auch hier der Eiter abfließen. Zu diesem Zweck wird die gesamte vereiterte Hornschicht entfernt (Abbildung 72).

In Fällen starker Vernachlässigung kann die Lederhaut so stark geschädigt sein, daß bereits das Hufbein offen daliegt (Abbildung 73).

Nachdem man an der gesunden Klaue dieser Kuh einen Block befestigt hatte, erholte sie sich schnell

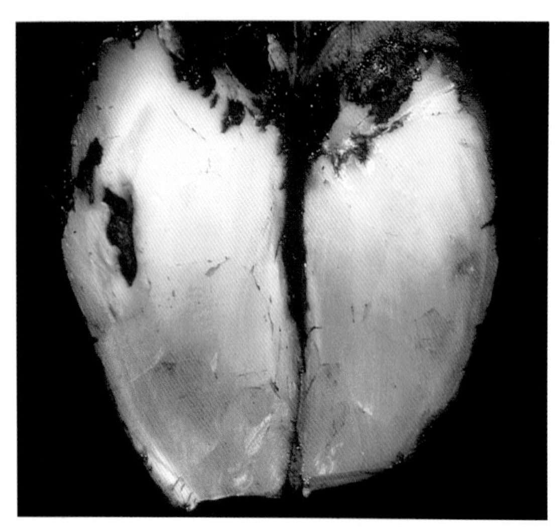

**Abb. 78: Einschlüsse an der weißen Linie. Die große schwarze Fläche an der weißen Linie ist deutlich zu erkennen.**

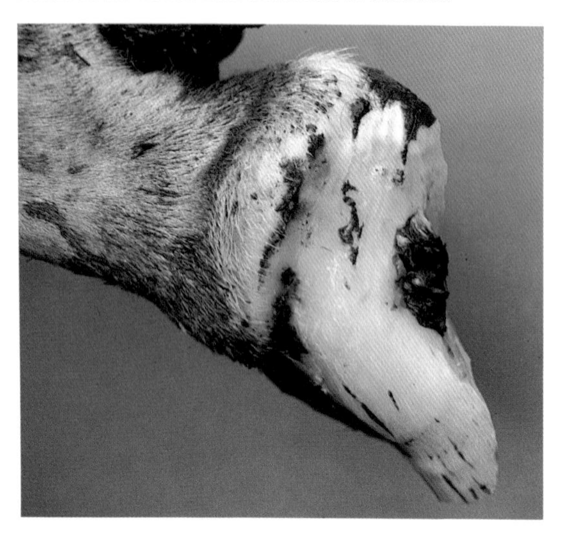

**Abb. 79: Vorfall von Granulationsgewebe.**

und konnte noch für mindestens drei Laktationsperioden in der Herde verbleiben. Abbildung 74 zeigt eine Infektion der weißen Linie, die sich unter den Lamellen der Hufwand hinzieht und sich am Kronrand entleert. Auch in diesem Fall muß die gesamte vereiterte Hornschicht entfernt werden (Abbildung 75).

Bei der Drainage eines Abszesses an der weißen Linie ist es sehr wichtig, daß dafür das kleine, an den infizierten Abszeß angrenzende Wandsegment geöffnet wird. Versucht man, die Infektion mit Hilfe des gebogenen Endes eines Hufmessers zu entleeren, besteht die Gefahr, daß sich die Öffnung erneut mit Schmutz und Gewebsresten anfüllt und das Tier wieder zu lahmen beginnt. Die Entfernung eines kleinen Wandsegments erleichtert nicht nur die Entleerung ganz beträchtlich, sondern sie vereinfacht auch den Zugang zu weiteren, vereiterten Teilen der Sohle oder Wand, die dann beseitigt werden können. Diese Wirkung wird auf den Abbildungen 76 und 77 anhand einer normalen Klaue dargestellt.

Der Ausgangspunkt für eine Infektion der weißen Linie kann von einer großen, schwarzen Fläche (Abbildung 78), die ganz offensichtlich Schmutz, Steinchen oder Kies enthält, bis zu einem winzigen, stecknadelkopfgroßen Punkt variieren. Wenn man einige dieser kleinen Punkte verfolgt, so ist bisweilen nur eine geringfügige Verfärbung des Horns zu bemerken.

Allgemein kann man sagen : Wenn die Spur schwarz ist, so führt sie von außen nach innen und man sollte ihr nachgehen. Ist sie rot, wie z.B. an der linken Klaue von Abbildung 78, so fließt Blut von innen nach außen und man muß sich nicht weiter darum kümmern. Große, schwarze, homogene Flächen (wie sie z.B. auf Abbildung 16 und an der rechten Klaue von Abbildungen 71 und 72 zu sehen sind) kann man ebenfalls unbeachtet lassen. Sie stellen die normale schwarze Hufpigmentierung dar.

Es gibt unterschiedliche Auffassungen darüber, ob es notwendig ist, nach Entfernung einer vereiterten Sohle einenVerband anzulegen. Immer mehr Menschen (der Autor eingeschlossen) sind der Meinung, daß ein Verband nur wenig nützt. Wenn man ihn lange Zeit nicht entfernt (d.h. er bleibt mehr als ein paar Tage lang auf der Wunde), kann sich dies sogar nachteilig auswirken. Aus der Umwelt besteht so gut wie keine Gefahr, daß eine Infektion diese Schicht durchdringen könnte und wenn man auf einen Verband verzichtet, bildet sich sehr schnell neues Horn. Durch das Anlegen eines Verbands, besonders eines sehr sperrigen, wird sowohl das Gewicht der Kuh auf die Lederhaut des exponierten Fußes verlagert als auch die Drainage der Infektion verzögert, was wiederum dazu führt, daß Lederhaut und Klaue immer feucht bleiben und somit der Heilungsprozeß verlangsamt wird. Früher legte auch ich fast immer einen Verband an. Jetzt hingegen kommt das nur noch sehr selten vor.

Eine ausgezeichnete Behandlungsmethode, die den Heilungsprozeß sehr beschleunigt, ist die Anbringung eines Holzblocks oder eines PVC-

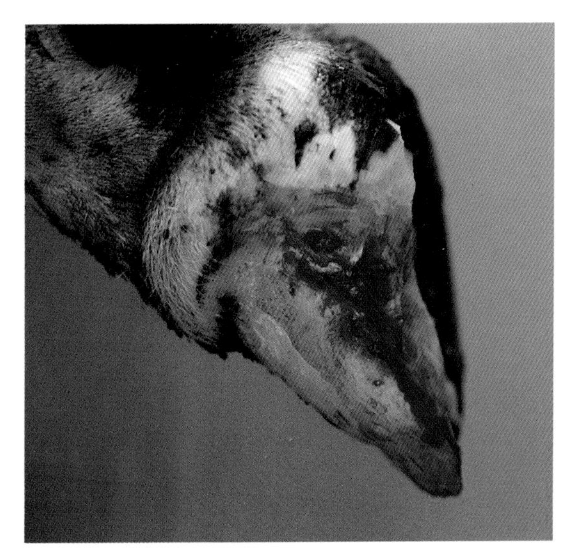

**Abb. 80: Beseitigung von Granulationsgewebe und Entfernung der vereiterten Hufwand.**

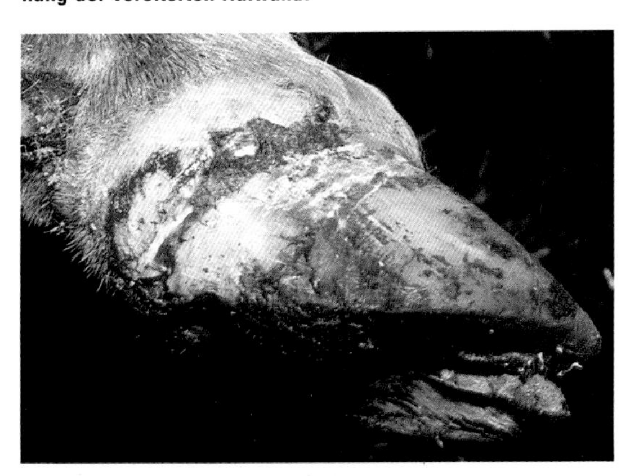

**Abb. 81: Nach einer Infektion der tieferliegenden Gewebe ist die Klaue am Kronrand geschwollen. Hier ist eine radikale Behandlungsmethode erforderlich. (D. Weaver)**

Schuhs an der Sohle der gesunden Klaue (siehe Abbildungen 123 und 126), weil dadurch die betroffene Klaue keinen Bodenkontakt mehr hat. Läsionen an der Innenwand der weißen Linie (Punkt 4 auf Abbildung 68) sind ganz besonders schmerzhaft und eignen sich sehr gut für diese Behandlungsmethode. Die Technik wird auf auf den Seiten 59 bis 61 beschrieben.

In einem Teil der Fälle verbessert sich das Lahmen nach der Eiterableitung, tritt dann jedoch nach 5- 7 Tagen erneut auf. Bei einer neuerlichen Untersuchung der Klaue kann man auf ein Stück dunkles, schwarz-rotes Granulationsgewebe (wildes Fleisch) stoßen,das sich aus der Wunde hervorschiebt (siehe Abbildung 79). Außerdem ist der unbehaarte Kronsaumbereich leicht angeschwollen und gerötet. Dies deutet normalerweise auf das Vorhandensein weiteren Eiters am Horn hin.

In diesem Fall, war die Klauenwand bis zum Kronrand vereitert. Durch Entfernung der Klauenwand (Abbildung 80) und Anbringen eines Holzblocks an die gesunde Klaue trat schnelle Besserung ein. (Granulationsgewebe enthält keine Nerven, dadurch verursacht seine Beseitigung kaum Schmerzen.)

In fortgeschrittenem Stadium oder in Fällen starker Vernachlässigung, beginnt die betroffene Klaue anzuschwellen und kann sich dann am Kronrand entleeren (Abbildung 81). Die Kuh leidet dann an akuter Lahmheit.

Dies deutet darauf hin, daß die Infektion bis in tieferliegende Strukturen wie z.B. dem Schleimbeutel, dem Sesambein, der Beugesehnenscheide oder sogar dem Klauengelenk selbst, vorgedrungen ist. (Diese Strukturen sind auf Abbildung 20 und den Abbildungen 6 und 31 abgebildet.) In solchen Fällen sollte schnellstens ein Tierarzt hinzugezogen werden, da sie eine Drainage der tieferliegenden Gewebe und eine starke Antibiotika-Therapie erfordern.

## Penetration der Sohle durch Fremdkörper

Obwohl an der weißen Linie die meisten Penetrationen stattfinden (sie stellt ja einen Schwachpunkt dar), kann jeder Teil der Sohle durch einen scharfen Gegenstand beschädigt werden.

Typische Fremdkörper sind z.B. scharfkantige Steinchen, Glassplitter oder Blechteile sowie Nägel (besonders die kurzen mit großem flachem Kopf, die zur Befestigung von Teerdachpappe verwendet werden) . Ich habe sogar schon gesehen, daß die scharfen Wurzeln ausgefallener Zähne die Sohle durchdrungen haben!

Bisweilen kommt es vor, daß bei der Untersuchung einer lahmenden Kuh der Fremdkörper zwar noch vorhanden, aber nicht sichtbar ist und man bemerkt nur einen kleinen schwarzen Fleck, der sich von einer Penetrationsläsion an der weißen Linie nur durch seine Lage unterscheidet (d.h. er befindet sich nicht an der weißen Linie) (Abbildung 82).

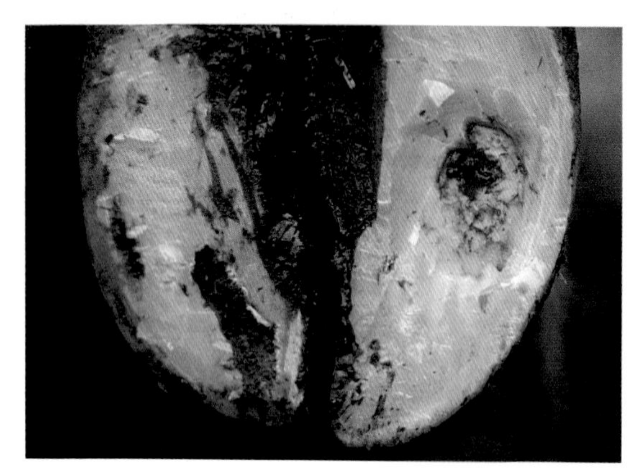

Abb. 83: Nach der Penetration durch einen Nagel wird die vereiterte Sohle entfernt.

Abb. 82: Penetration der Sohle durch einen Fremdkörper (Nagel).

Abb. 84: Ein Stein, der sich in der Sohle eines Bullen festgesetzt hat.

Abb. 85: Hohlraum, den der Stein hinterlassen hat. Hier muß ein weiterer Schnitt durchgeführt werden.

Es reicht nicht aus, den Nagel (oder einen anderen Fremdkörper) aus der Sohle zu entfernen, da mit seiner Hilfe eine Infektion mit eingeschleppt wurde und die ursprüngliche Eintrittsstelle keine ausreichende Möglichkeit zur Ableitung bietet. Man sollte den Hohlraum öffnen und die gesamte vereiterte Sohle und die angrenzende Wand entfernen (Abbildung 83). Wie bei Penetrationen der weißen Linie, so besteht auch hier die Läsion aus der Trennung des Horns vom hornbildenden Gewebe, so daß nach Entfernung der vereiterten Sohle neues Horn zum Vorschein kommt. Das Anlegen eines Verbands ist daher nicht unbedingt erforderlich. In den meisten Fällen geht die Heilung ohne einen Verband wahrscheinlich schneller vor sich.

Auf Abbildung 84 ist ein Stein zu sehen, der sich in die Sohle eines Bullen verkeilt hat. Der Hohlraum, der nach Entfernung des Steins auf der Sohle entstanden ist, muß durch einen weiteren Schnitt geöffnet werden, um Fremdkörper zu vermeiden (Abbildung 85).

## Sohlengeschwür (Rusterhalbsches Sohlengeschwür)

Sohlengeschwüre treten typischerweise an der lateralen (Außen-) Klaue der Hinterklaue sowie, etwas seltener, an der medialen (Innen-) Klaue der Vor-

Abb. 86: Hämorrhagie an der Stelle des Sohlengeschwürs.

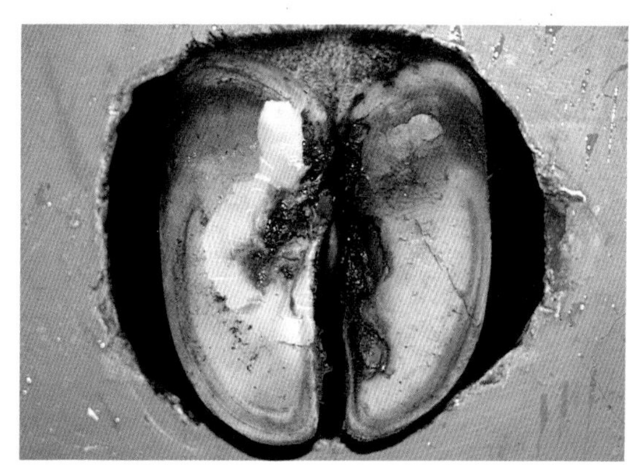

Abb. 89: Freilegung des Sohlengeschwürs.

Abb. 87: Geschwür und angrenzende vereiterte Sohle.

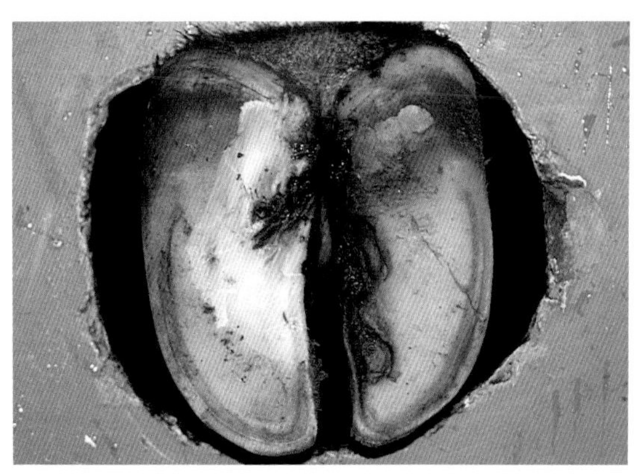

Abb. 90: An dieser tiefliegenden Stelle wurde bereits ein großer Teil der Hämorrhagie weggeschnitten.

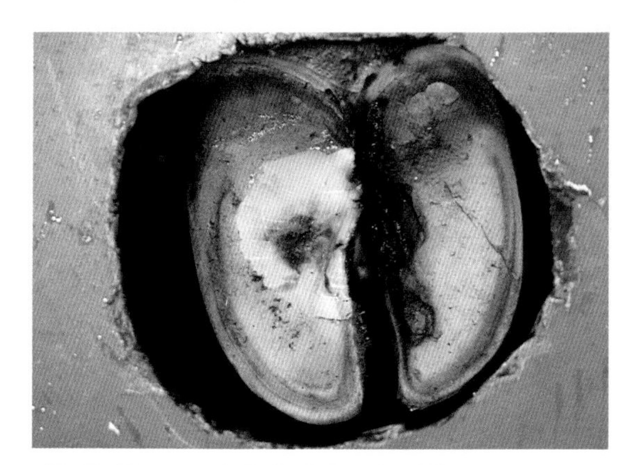

Abb. 88: Hämorrhagie in der Sohle einer Färse.

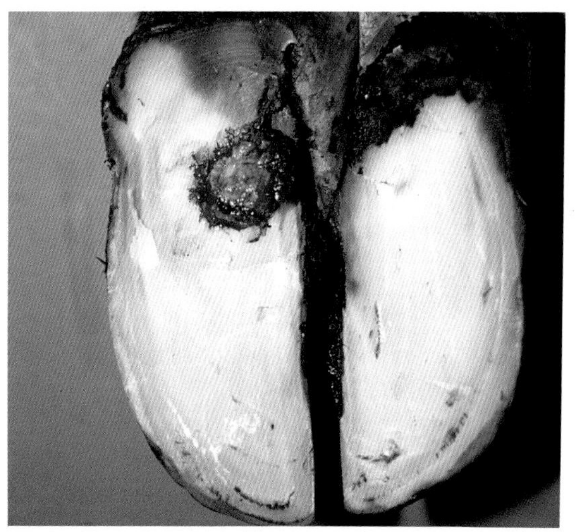

Abb. 91: Wildes Fleisch, das aus dem Geschwür hervortritt.

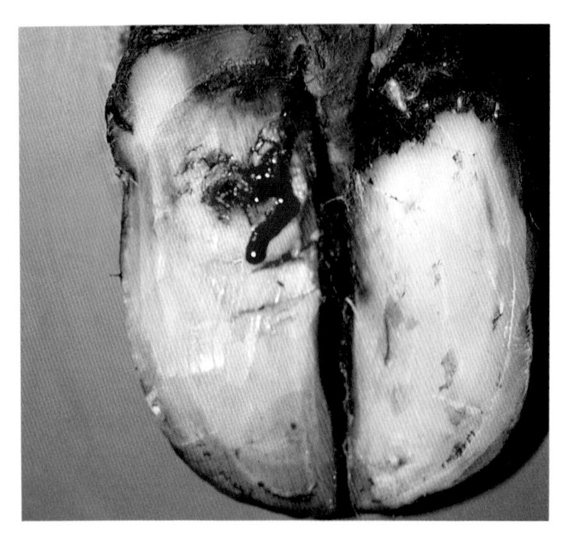

**Abb. 92: Das wilde Fleisch wurde weggeschnitten.**

derfüße auf und liegen bezeichnenderweise in der Mitte des Sohlenbereichs in Richtung auf den Ballen zu. Sie werden oftmals vom vorstehenden Sohlenhorn überdeckt, das in den interdigitalen Spalt hineinragt. Auf Abbildung 35 ist so ein typischer Vorsprung zu sehen. In manchen Fällen erscheint die Klauenoberfläche ganz normal. Man entdeckt das Geschwür erst, wenn man beim routinemäßigen Klauenschneiden den axialen Sohlenbereich schüsselförmig vertieft (Seite 36).

In der Mitte erscheinen manche Stellen als hämorrhagischer Bereich (Abbildung 86), der bei weiteren Schnitten das Geschwür und die darunter liegende vereiterte Sohle freigibt (Abbildung 87). Bei anderen – wie z.B. bei der auf den Abbildungen 88 bis 90 dargestellten Färse – erstreckt sich die Hämorrhagie bis zur Klaueninnenwand am Klauenspalt. Bei oberflächlichem Hinschauen erkennt man kaum etwas. Entfernt man jedoch einen Streifen des vorstehenden Sohlenrands, so erscheint eine typische Hämorrhagie (Abbildung 88), deren Schweregrad mit zunehmender Tiefe ansteigt. Bei einem Vergleich von Abbildung 90 mit Abbildung 89 zeigt sich, wie die Hämorrhagie schichtweise nach unten durch die Sohle verläuft.

Die auf Abbildung 89 dargestellte Hämorrhagie konnte durch Klauenschneiden beseitigt werden. Darunter kam normales Horn zum Vorschein. Der Abstand zwischen Sohlenlederhaut und der obersten Schicht der Hämorrhagie gibt Aufschluß über den Zeitpunkt des ersten Auftretens von Klauenrehe, die das Sohlengeschwür verursachte, da das Horn ungefähr 5 mm pro Monat wächst (siehe Seite 6).

Die Vorgänge, die an dieser Stelle zur Bildung einer Hämorrhagie führen, werden in Kapitel Zwei beschrieben, die verschiedenen Haltungsfaktoren in Kapitel Sechs behandelt. Abszeße an der weißen Linie und Penetrationen der Sohle werden durch äußere Traumata an der Sohle verursacht und führen zur Abtrennung des Horns vom hornbildenden Gewebe.

Andererseits entsteht ein Geschwür aufgrund von Veränderungen in der Klaue und schädigt das hornbildende Gewebe sowie die darunterliegende Lederhaut. Daher bildet sich neues Horn viel langsamer, und ein Sohlengeschwür braucht viel länger um abzuheilen. Viele Geschwüre bilden sich nie vollständig zurück. Die Kühe behalten eine leichte Form chronischer Lahmheit zurück , so daß bei ihnen für den Rest ihres produktiven Lebens 2- bis 4 Mal jährlich zur Korrektur die Klauen geschnitten werden sollten.

Die Behandlung besteht aus drei Schritten:

1. Die Sohle wird so tief wie möglich ausgehöhlt, so daß der Bereich des Geschwürs nicht mehr belastet wird. Dies wurde auch an der Färse von Abbildung 88 bis 90 vorgenommen. Die betroffene Klaue wird, falls möglich, auf Minimalgröße zurückgeschnitten, die gesunde Klaue behält jedoch ihre normale Größe und wird belastet, so daß auf dem Geschwür kein Gewicht mehr lastet.
2. Das infizierte und vereiterte Horn wird vom Geschwürrand entfernt, d.h. man beseitigt das mit einem Hufmesser angehobene Horn (siehe Abbildung 87).
3. Oftmals tritt aus dem Bereich des Sohlengeschwürs Granulationsgewebe (wildes Fleisch) hervor (siehe Abbildung 91). Dies sollte ebenfalls weggeschnitten werden (Abbildung 92), so daß über der Primärläsion neues Horn wachsen kann.

Der Wert eines Kupfersulfatverbands o.ä. oder die Verwendung eines Eisens (wie es zur Entfernung der Hornknospe bei Kälbern benutzt wird) zum Ausbrennen des Granulationsgewebes im Geschwür ist sehr umstritten (11). Ich bin der Auffassung: Wenn etwas zur Zerstörung von Granulationsgewebe geeignet ist, so kann es auch das sich neu bildende Horn (d.h. die Lederhaut und die darüberliegende Epidermis) schädigen. Somit ist es hier fehl am Platz.

Eine sperrige Bandage als Stütze für den Verband würde das Gewicht auf den Bereich des Geschwürs verlagern und dort die Quetschwirkung verstärken, so daß der Heilungsprozeß verzögert würde. Andere hingegen sind der Meinung, ein Verband wäre durchaus von Nutzen. Da Geschwüre nur sehr langsam heilen, besteht eine ausgezeichnete Maßnahme zur Förderung des Heilungsprozesses darin, an die gesunde Klaue einen Block zu kleben oder zu nageln, um damit das Geschwür zu entlasten.

Geschwüre sitzen an der Sohle, genau unter dem hinteren Teil des Klauenbeins, am Ansatzpunkt der Beugesehne (Abbildung 14 und Abbildung 113).

Auf Abbildung 113 ist zu erkennen, wie das Sohlenhorn durch den hinteren Teil des Klauenbeins (bei »A«) eingebeult wurde und wie die Abnutzung des Ballens (bei »B«) den Huf weiter destabilisiert.

Auf Abbildung 93 wird das normale Klauenbein (rechts) mit dem Exemplar einer Kuh mit chronischem und langwierigem Sohlengeschwür (links) verglichen. Der betroffene Knochen weist an der Basis und an den Seiten Exostosen (Knochenzubildungen) auf, vor allem im Bereich des Gelenks. Dies verursacht Beschwerden und Schmerzen beim Gehen. Da die Exostosen auch nach dem Abheilen des Geschwürs weiterbestehen, ist deren Früherkennung und schnelle, effektive Behandlung von großer Bedeutung, wenn man Dauerschäden vermeiden möchte.

Eine Penetrationsinfektion ausgehend von einem tiefliegenden Geschwür, kann zur Bildung eines Abszesses im Ballenpolster, Schleimbeutel, Sesambein oder sogar im Klauenbein selbst führen.

Wenn tiefsitzende Infektionen mitbeteiligt sind, treten oberhalb des Kronrandes Hautschwellungen auf. Durch Druckeinwirkung auf die Ferse kann aus dem ursprünglichen Geschwürbereich Eiter austreten. Auf Abbildung 94 ist zu erkennen, wie Eiter aus einem Geschwür austritt. An der gesunden Klaue wurde ein Holzblock angebracht. Diese Kühe weisen eine akute Lahmheit auf, so daß hier auf tierärztliche Hilfe nicht verzichtet werden kann, um eine Drainage der tiefsitzenden Infektion vorzunehmen. Dabei kann die Flexorsehne vollständig reißen, so daß die Klauenspitze der Kuh immer nach oben gebogen bleibt (siehe Abbildung 95).

## Hämorrhagien an der Sohle

Hämorrhagische Bereiche, einhergehend mit einer Erweichung und/oder Gelbfärbung des Horns, treten nicht nur an der Stelle des Sohlengeschwürs, sondern auch an anderen Sohlenbereichen auf (und zwar mit oder ohne Geschwür).

Diese Veränderungen wurden unter dem Fachbegriff Subklinisches Laminitis-Syndrom , SLS (27), zusammengefaßt und stehen in Zusammenhang mit anderen gehäuft auftretenden Erkrankungen des Fußes. Manche Wissenschaftler, die detaillierte mikroskopische Untersuchungen dieser Veränderungen durchgeführt haben, behaupten jedoch, daß trotz des Verlustes von onychogener Substanz (d.h. hornbildendem Gewebe) keine Laminitis beteiligt ist. Dies ist vermutlich auf die Tatsache zurückzuführen, daß die Hämorrhagie in Sohlenbereichen auftritt, wo es keine Lamellen gibt.

**Abb. 93: Ein über längere Zeit bestehendes Sohlengeschwür führt zu irreversiblen Veränderungen am Klauenbein. Rechts ein gesundes Klauenbein. Am linken Klauenbein sind Exostosen (A) zu erkennen.**

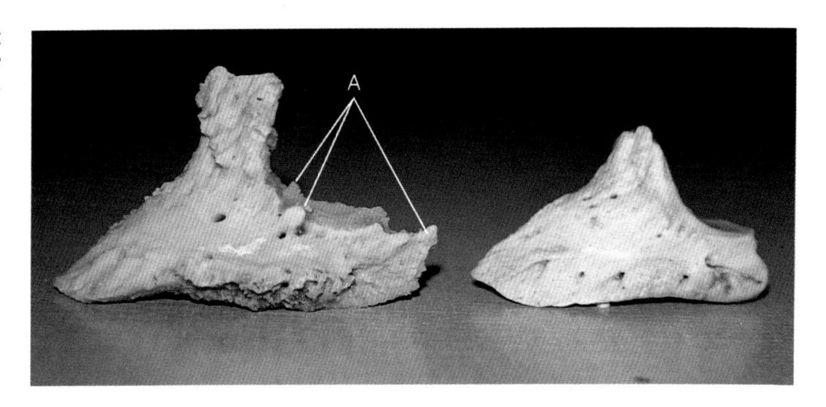

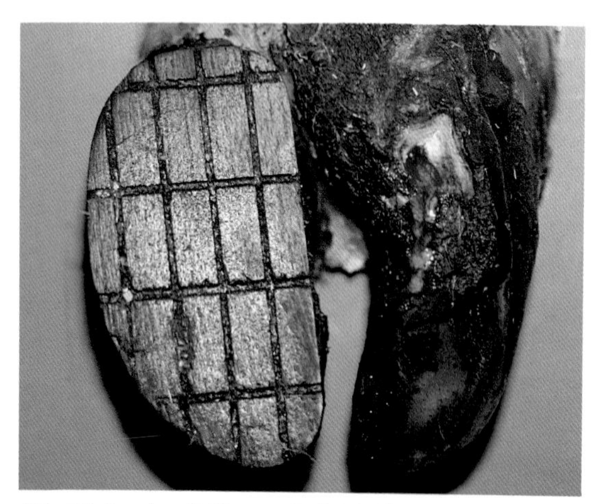

Abb. 94: Aus dem Sohlengeschwür tritt Eiter aus. Ein Anzeichen, daß tieferliegende Strukturen mitbeteiligt sind und eine Radikalbehandlung erforderlich ist.

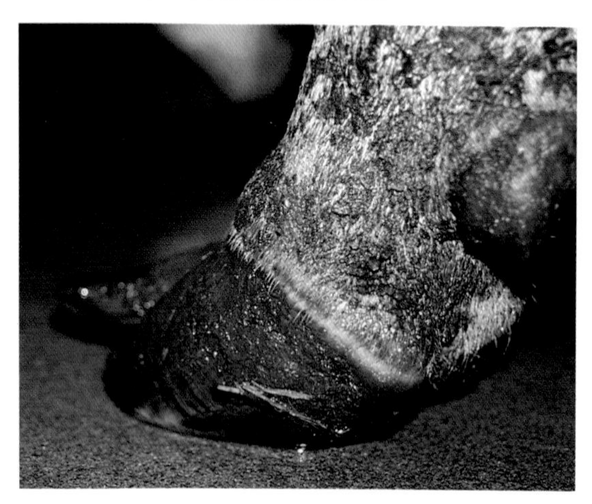

Abb. 95: Aufwärtsbiegung der Klauenspitze als Folge eines Beugesehnenrißes.

Man hat eine Vielzahl von möglichen Ursachen für Verfärbung und Hämorrhagie angegeben, wovon die wichtigste eine Ernährung mit zu vielen Kohlenhydraten und zu viel Stärke ist. Weitere Faktoren sind außergewöhnlich schnelles Wachstum (und daher Ernährung mit Kraftfutter) während der Aufzucht, plötzliche Futterumstellung, vor allem von niedrigen auf hohe Kraftfutterrationen, Veränderungen beim Auslauf, plötzliche Bewegungen (wenn z.B. neu hinzugebrachte Färsen den in der Rangordnung höher stehenden erwachsenen Kühen zum erstenmal begegnen und vor ihnen fliehen müssen), extrem nasse Klauen sowie Zucht und Genetik.Die schnelle und abrupte Umstellung von einem weichen Untergrund (z.B. Weide) auf harten Betonboden kann die Häufigkeit von Laminitis, Coriitis und Sohlenhämorrhagien ebenfalls vergrößern. Färsen, die man während des Sommers in die Herde einbringt (wenn die Kühe noch auf der Weide grasen), entwickeln mit viel geringerer Wahrscheinlichkeit eine schwere Lahmheit als diejenigen, die man im Winter direkt einstallt. Dies spielt vor allem dann eine Rolle, wenn keine Gewöhnung an die Boxenstallhaltung vorausging. Die Abbildungen 16 und 17 zeigen eine akute Sohlenhämorrhagie mit Sohlengeschwür bei einer Kuh, die aus einer Herde stammt, die große Probleme mit Lahmheit hatte. Das Blutgerinnsel an der Klauenspitze (Abbildung 17) war wahrscheinlich die Folge einer starken Kongestion und Schwellung der Lamellen in dem begrenzten Zehenbereich, so daß der vordere Teil des Klauenbeins nach unten gedrückt wurde und dadurch Quetschungen an der Lederhaut zwischen Klauenbein und Klauensohle sowie Blutungen hervorrief. Diese zweijährige Färse hatte zwei Monate zuvor gekalbt, und die Klauenrehe war höchstwahrscheinlich eine Folge der plötzlichen Umstellung von rohfaserhaltiger Nahrung auf Kraftfutter in Verbindung mit langem Stehen auf feuchtem Untergrund (d.h. Abneigung gegen die Liegebox) und ruckartigen Bewegungen bei der Flucht vor den älteren Kühen. Während einer Nachuntersuchung, die 4-6 Wochen später stattfand, waren auf beiden Hinterklauen Geschwüre festzustellen, die den steifen Gang der Kuh verursachten. In diesem Stadium ist das Klauenbein mit großer Wahrscheinlichkeit bereits abgesunken und drückt auf die Sohlenlederhaut (siehe Abbildung 26b)

Gelegentlich findet man Klauenspitzenhämorrhagien auch an den Klauen der Vorderfüße von Deckbullen, die vermutlich die Folge eines Traumas sind, das durch Aufspringen auf brünstige Kühen verursacht wurde.

## Limax, Zwischenklauenwulst (Hyperplasia interdigitalis)

Man nennt sie auch interdigitales Granulom, Fibrom oder Tylom , die korrekte Bezeichnung lautet jedoch Hyperplasia interdigitalis, da sie Wuche-

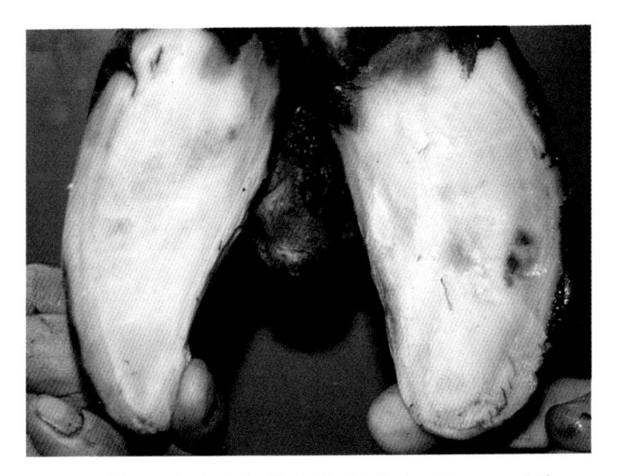

Abb. 96: Hyperplasia interdigitalis (Zwischenklauenwulst).

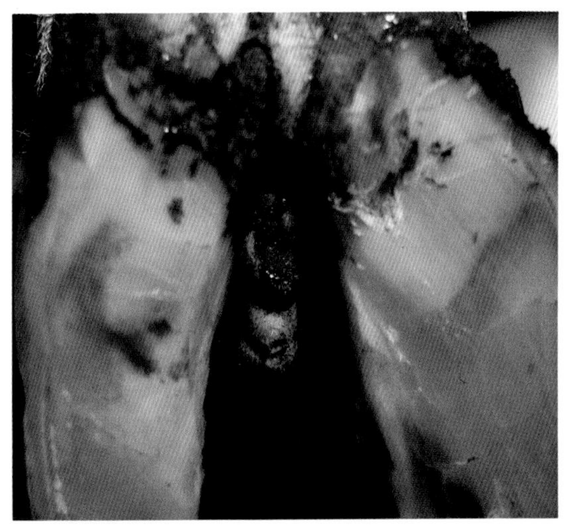

Abb. 98: Hyperplasia interdigitalis mit sekundärer, interdigitaler Dermatitis.

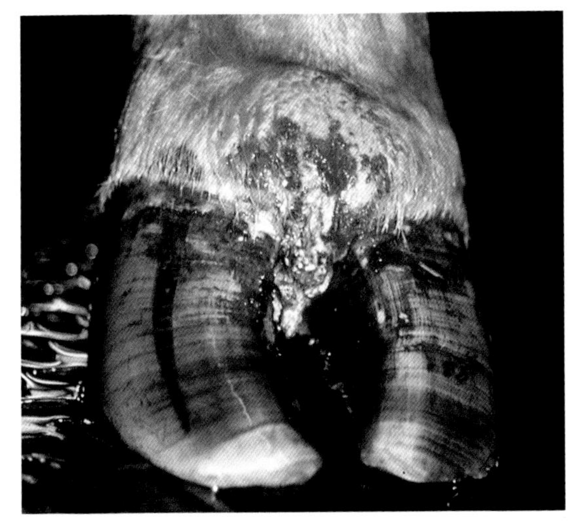

Abb. 97: Hyperplasia interdigitalis mit sekundärem Panaritium.

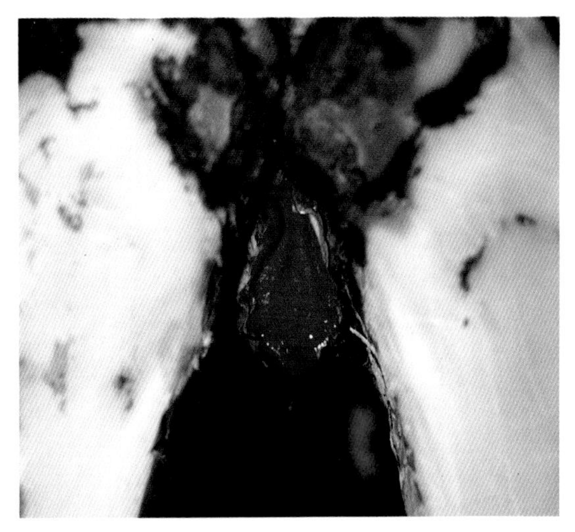

Abb. 99: Große, interdigitale Hauthyperplasieläsionen erfordern eine chirurgische Entfernung.

rungen der normalen Haut darstellen. Ein typisches Beispiel dafür ist auf Abbildung 96 zu sehen. Bei jeder Kuh findet sich eine kleine Hautfalte, die an der axialen (inneren) Klauenwand im interdigitalen Zwischenraum liegt und von der aus sich von beiden Seiten her eine Hyperplasie entwickeln kann.

Als mögliche Ursache hierfür wurde eine chronische Reizung der darunterliegenden Haut vermutet, die zum Beispiel durch Eindringen von Schmutz oder leichtere interdigitale Infektionen zustande kam. In anderen Fällen könnte diese Veranlagung auch vererbt worden sein, besonders bei schweren Milchkuhrassen und bestimmten Fleischrinderbullen (z.B. bei Hereford-Rindern). Die Lahmheit ist auf die Klauen zurückzuführen, die beim Gehen auf die Schwellung Druck ausüben und sie quetschen.

Es kann eine Sekundärinfektion mit Panaritium auftreten (Abbildung 97) oder aber auf der Hauthyperplasie befindet sich ein entzündeter Bereich von interdigitaler Dermatitis (Abbildung 98). In beiden Fällen ist eine spezifische Behandlung erforderlich.

Zur Behandlung von kleinen Hauthyperplasieläsionen genügt die Entfernung von zwischen den Klauen gelegenem Horn, um dadurch den Zwischenraum in der Klauenspalte zu vergrößern. Die Hauthyperplasie geht langsam zurück, sobald sie zwischen den Klauen nicht mehr gequetscht wird. Größere Läsionen erfordern eine chirurgische Entfernung durch den Tierarzt (siehe Abbildung 99).

## Panaritium (Interdigitale Nekrobazillosis, Phlegmona interdigitalis)

Es gibt eine Vielzahl umgangssprachlicher Bezeichnungen, die korrekte Bezeichnung für dieses Erscheinungsbild ist jedoch »Interdigitale Nekrobazillose«. Sie wird durch eine Infektion mit dem Bakterium *Fusobacterium necrophorum* , möglicherweise in Verbindung mit einem zweiten Bakterium, *Bacteroides melaninogenicus,* hervorgerufen.

Bevor das *Fusobacterium* die unteren Gewebsschichten penetrieren kann, muß die interdigitale Haut entweder durch Steinchen, kleine Holzstücke oder Spirochäten beschädigt worden sein.

Charakteristisch für Panaritium, die anfänglich als Schwellung am Kronrand zu erkennen ist (wie z.B. bei der Färse von Abbildung 100),wodurch die beiden Klauen leicht auseinandergedrückt werden, ist ein interdigitaler Hautriss aus dem oftmals Eiter und Teile von Gewebstrümmern austreten (siehe Abbildung 101). Manche sprechen außerdem von einem charakteristischen Geruch, wovon ich persönlich allerdings nicht überzeugt bin. Das wichtigste Merkmal bei der Erstellung einer Diagnose ist der Riss in der interdigitalen Haut.

In unbehandelten Fällen kann sich die Schwellung nach oben bis zum Krongelenk hin ausbreiten. Auf Abbildung 101 ist zu sehen, wie die tiefe, durch Panaritium verursachte, interdigitale Aushöhlung bis unter die Sohle der linken Klaue vorgedrungen ist und nun an dieser Stelle beinahe das Klauengelenk erreicht hat. Die Behandlung, die sehr schnell einsetzen sollte, um die Gefahr einer Infektion des Gelenks zu vermeiden, besteht im Normalfall aus einer Antibiotikainjektion. Außerdem sollte man sich den Huf immer genau ansehen, um sicherzugehen, daß sich zwischen den Klauen kein Stein oder Stock verkeilt hat, der eine mögliche Ursache für die Fäule sein könnte.

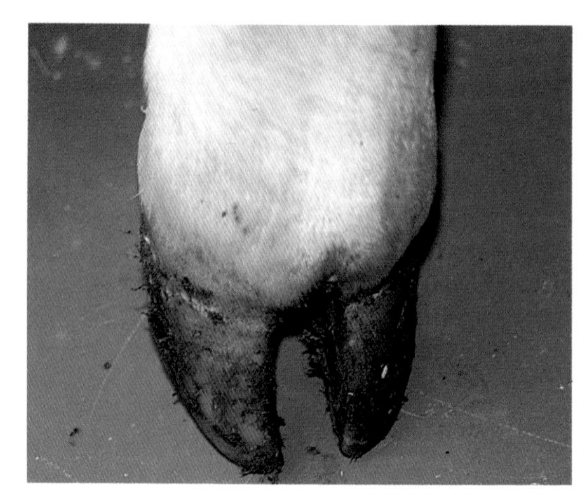

**Abb. 100: Färse mit Panaritium. Der Kronrand ist angeschwollen und die Klauen wurden auseinandergedrückt.**

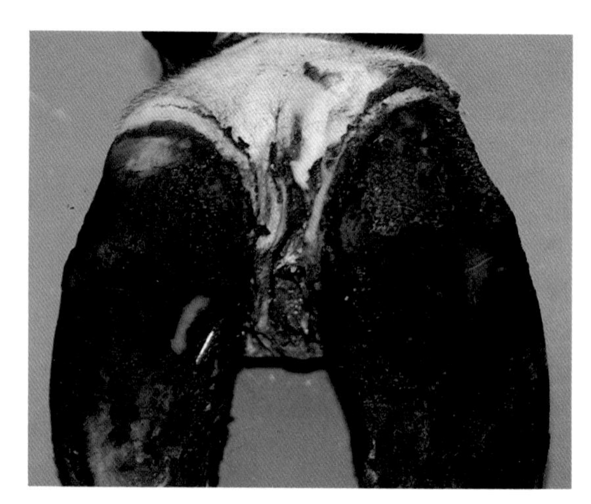

**Abb. 101: Fäule mit typischem interdigitalem Hautriß, der die darunterliegende Dermis freilegt.**

Klauenbäder mit Formalin (siehe Seite 76) sind sehr wirkungsvoll, wenn es darum geht, den Ausbruch einer Erkrankung in der gesamten Herde zu vermeiden.Treten Infektionen gehäuft auf, sollte man darauf achten, daß die Klauen – z.B. auf matschigen, schlecht begehbaren Torwegen – nicht durch Steine usw. beschädigt werden. Panaritium kann ebenfalls unter Jungtieren ausbrechen, sowohl bei Stall- als auch bei Weidehaltung. In Einzelfällen tritt sie auch bei sehr jungen, 2-3 Wochen alten Kälbern auf.

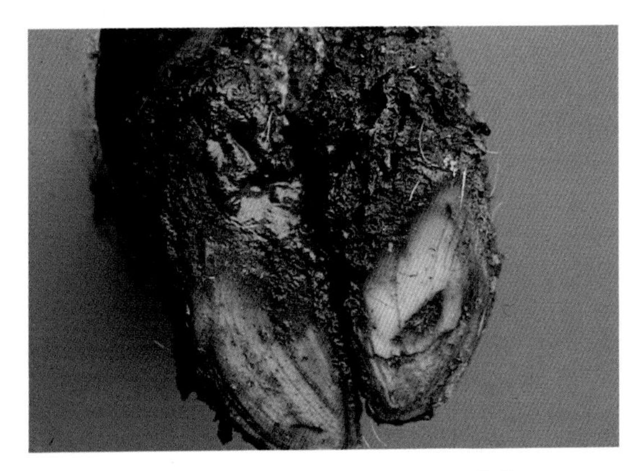

Abb. 102: Digitale Dermatitis: nässender, exsudativer Bereich mit verfilzter Behaarung.

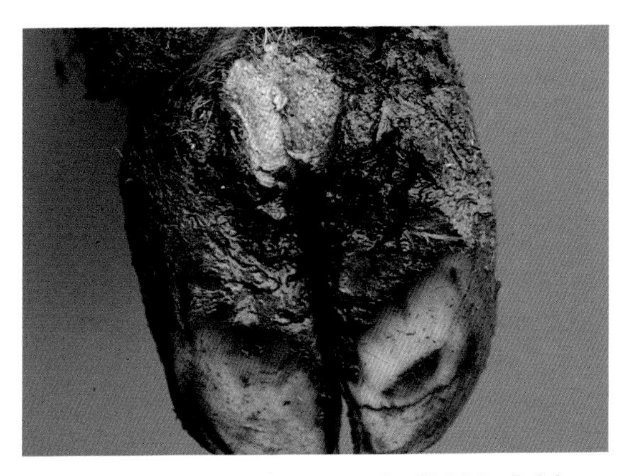

Abb. 103: Digitale Dermatitis: durch oberflächliche Reinigung werden Gewebsreste sichtbar.

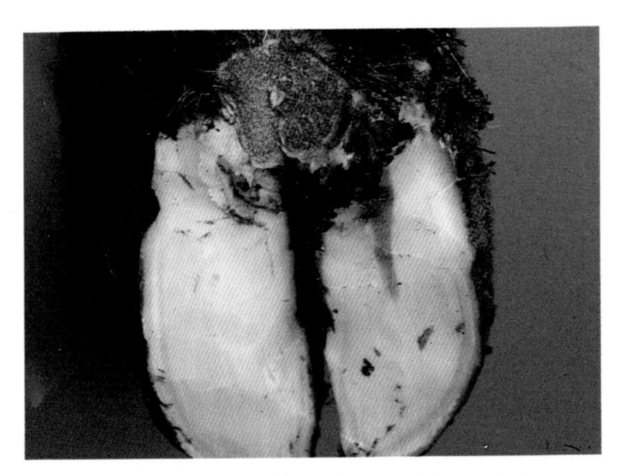

Abb. 104: Digitale Dermatitis: nach gründlicher Reinigung kommt rotes, rohes und äußerst schmerzempfindliches Granulationsgewebe zum Vorschein.

Abb. 105: Digitale Dermatitis: zapfenförmige Veränderungen.

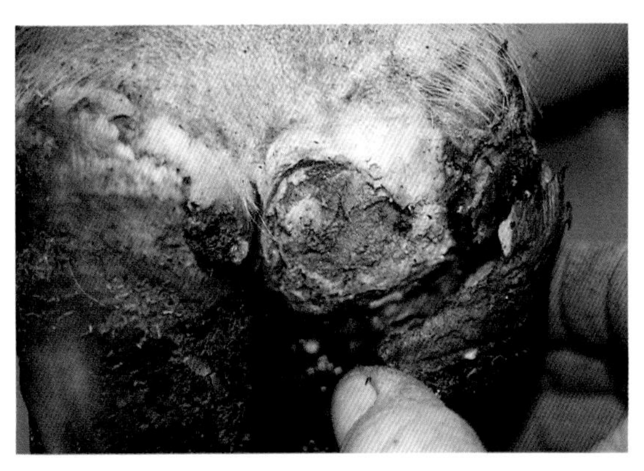

Abb. 106: Digitale Dermatitis verbunden mit einer Vereiterung des Ballens.

## Dermatitis Digitalis

Die digitale Dermatitis (»Mortellaro-Krankheit«) tauchte zum erstenmal im Jahr 1972 in Italien auf, von wo aus sie sich über ganz Europa ausbreitete und heute als häufigste Ursache für Lahmheit gilt.

In einigen Fachtexten wird zwischen digitaler und interdigitaler Dermatitis unterschieden. Da sich jedoch beide vom äußeren Erscheinungsbild her sehr ähnlich sind und beide auf die gleichen Behandlungsmethoden ansprechen, kann man mit großer Wahrscheinlichkeit davon ausgehen, daß sie identisch sind (45). Bei niederländischen Autoren (58) wird die interdigitale Dermatitis als Ballennekrose (auch Gülleballen genannt) bezeichnet. Diese Terminologie wird in Großbritannien und den USA nicht verwendet.

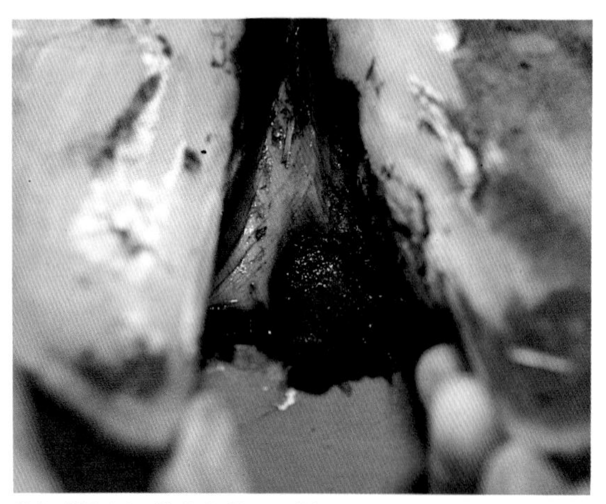

**Abb. 107: Interdigitale Dermatitis.**

**Abb. 109: Digitale Dermatitis: Im Melkstand werden die Ballen mit dem Druckschlauch abgespritzt, dann erhält die Kuh ein antibiotisches Klauenbad.**

**Abb. 108: Digitale Dermatitis: Abnutzung des Saumhorns am vorderen Teil der Klaue.**

Die typische Läsion erscheint anfänglich als nässender, gräulich-brauner, exsudativer Bereich (Abbildung 102) mit verfilzter Behaarung, der sich auf der Rückseite der Klaue genau zwischen den Ballen befindet. Charakterisitsch ist der Fäulnisgeruch. Nach Reinigung der Oberfläche wird ein unregelmäßiger, kreisförmiger Bereich sichtbar, der mit Gewebsresten bedeckt ist (Abbildung 103), unter denen rotes, rohes Granulationsgewebe zum Vorschein kommt (Abbildung 103). Die Läsion ist äußerst berührungsempfindlich, was etwas überrascht, da sie ja auf die Haut beschränkt ist und keine Schwellungen an den umgebenden Gewebsschichten hervorruft. In dieser Hinsicht besteht ein Unterschied zu Panaritium, das als typisches Merkmal Schwellungen am Kronrand bis hinauf zum Krongelenk aufweist. Gelegentlich können die Läsionen im fortgeschrittenen Stadium ein zapfenförmiges Aussehen haben (Abbildung 105). In den Vereinigten Staaten werden sie daher als »Haarwarzen« bezeichnet.Im Falle starker Vernachlässigung können sie das Ballenhorn abnützen und damit eine Vereiterung des Ballens hervorrufen (Abbildung106).

Die charakteristischen roten entzündeten Bereiche sind auch zwischen den Klauen (Abbildung 107), wo sie dann bisweilen als interdigitale Dermatitis bezeichnet werden, auf der Oberfläche von Schwellungen bei interdigitaler Hyperplasie (Abbildung 98) und, etwas seltener, vorne an der Klaue (Abbildung 108) zu erkennen.

An dieser Stelle führt die von der digitalen Dermatitis verursachte Abnutzung des Saumhorns am Kronrand zu einer schweren und langwierigen Form der Lahmheit, die mit einer Vereiterung der vorderen Klauenwand einhergeht. Die tiefen, infizierten Risse, die an der Klaueninnenwand auftreten und die beim Klauenschneiden große Schwierigkeiten bereiten, können eine Folge der digitalen Dermatitisläsionen sein, die ihren Ursprung am innengelegenen Kronrand haben. Gelegentlich bricht die Erkrankung in der gesamten Herde aus und führt zu langwierigem Lahmen, oftmals verbunden mit einem Prolaps (Vorfall) von wildem Fleisch durch das infizierte Gewebe (siehe Abbildung 115).

Die genaue Ursache dafür ist nicht bekannt, jedoch deutet die schnelle Reaktion auf örtlich verabreichte Antibiotika auf eine bakterielle Infektion hin. Die invasive *Treponema* -Spirochäte (14, 52) wurde damit in Zusammenhang gebracht.

Im allgemeinen ist die Behandlung sehr einfach. Der befallene Bereich wird gereinigt und mit einem Antibiotikaspray besprüht. Auch bei schwerem Lahmen reicht im Normalfall eine einzige Behandlung aus. Die Ausnahme sind Läsionen am vorderen Teil der Klaue: Wenn das hornbildende Gewebe des Kronrandes mitbeteiligt ist, kann ein vertikaler Riß entstehen (Abbildung 115). Eine Dermatitis in diesem Bereich behandelt man am besten sofort mit topischen Antibiotika bzw. Antibiotikainjektionen.

Obwohl einzelne Fälle von digitaler Dermatitis auch bei Weidetieren auftreten, sind doch größtenteils aufgestallte Tiere davon betroffen, die unter schlechten hygienischen Bedingungen gehalten werden (z.B. Ställe, in denen sich der Flüssigmist ansammeln konnte, da nur unregelmäßig ausgemistet wird). Ebenfalls begünstigende Faktoren sind eine hohe Besatzdichte und zu wenig Boxen für die Kühe.

Eine Immunität entwickelt sich anscheinend als Folge der Exposition, da in Stammherden die Krankheit am häufigsten bei neu erworbenen Tieren oder bei Färsen auftritt, die erst 2-8 Wochen zuvor in die Herde integriert wurden (8). Hohe Notschlachtungsquoten und häufiger Erwerb von neuem Vieh unterschiedlicher Herkunft begünstigen wahrscheinlich das Fortbestehen der Infektion in einer Herde.

Einem Ausbruch in der gesamten Herde kann durch Klauenbäder, die eine antibiotische Lösung enthalten, vorgebeugt werden. Formalin ist bei der Prävention von digitaler Dermatitis nur sehr begrenzt wirksam. Das am häufigsten verwendete Antibiotikum ist Oxytetrazyklin, das an zwei oder drei Melkzeiten in einer Dosierung von 2-4g/l verabreicht wird. Manche wenden nur ein einziges Bad an, das 6-8g/l Oxytetrazyklin enthält. Lincospectin ist ebenfalls sehr wirksam. Ein Behältnis von 150 g, das 33 g Lincomycin und 66 g Spectinomycin enthält, ist ausreichend für ein Klauenbad von 200 Liter (zur Behandlung) bzw. 400 Liter (zur Prävention). Als Alternative kann Lincomycin in einer Dosierung von 400 mg pro Liter verwendet werden.

Die beste Wirkung erzielt man, wenn man die Kühe in einen Fischgrätenmelkstand führt und ihre Klauen (besonders die Ballen) mit einem Druckschlauch abspritzt (Abbildung 109). Lassen Sie das Wasser abfließen, während die andere Seite des Melkstandes gefüllt wird und führen Sie die Kühe dann in das Klauenbad. Das geht schnell, da im Normalfall ein Bad ausreicht und das Melken nicht beeinträchtigt. Die Wirkung kann enorm sein. Mir sind mehrere Fälle bekannt, in denen die Zahl der Kühe mit entzündeten Klauen innerhalb 24 Stunden nach einem Klauenbad beträchtlich zurückging und sie sich daraufhin beim Melken viel ruhiger verhielten.

Die auf den Abbildungen 102 bis 104 dargestellte Kuh stammte aus einer Herde, in der 50-60% der Kühe als Folge einer digitalen Dermatitis unter entzündeten Klauen oder Lahmheit litten. Durch sorgfältige Hufwaschungen und einem einzigen Klauenbad mit Oxytetrazyklin (8g/l), trat eine beinahe sofortige Verbesserung des Zustandes ein.

## Schlammfieber

Schlammfieber kann auftreten, wenn die Kühe naßkalten, schlammigen Verhältnissen ausgesetzt sind. Eines oder mehrere Beine können davon betroffen sein, wobei die ersten Anzeichen in Form einer Schwellung erscheinen, die sich vom oberen Klauenrand bis zum Krongelenk erstreckt. Die Haut wird dicker, und an der Behaarung bilden sich Krusten. Später setzt Haarausfall ein, wodurch die darunterliegende Hautschicht sichtbar wird (siehe Abbildung 110). Im fortgeschrittenen Stadium kann die Haut Risse aufweisen, und es entsteht eine offene, blutende Stelle (siehe Abbildung 111). Es tritt kein schwerer Lahmheitsgrad auf, vor allem nicht, wenn mehr als eine Klaue beteiligt ist. Die befallenen Kühe scharren im Stehen bisweilen mit ihren Hufen, da

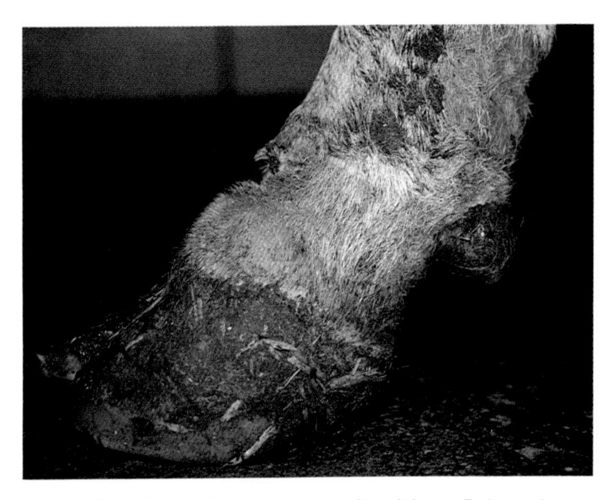

**Abb. 110: Schlammfieberläsionen, die sich am Bein entlang ausbreiten.**

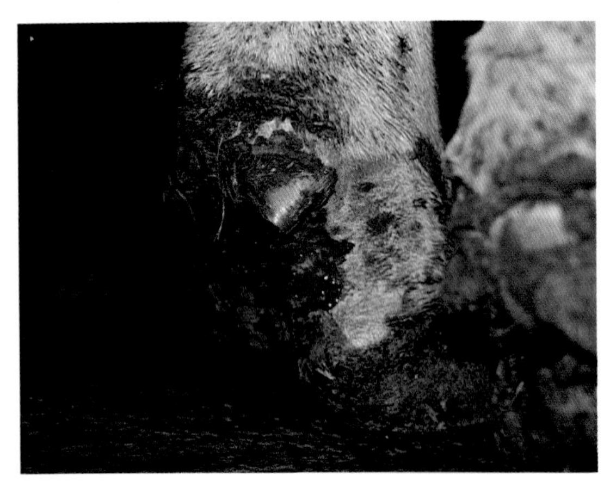

Abb. 111: Schlammfieber: Risse in den Ballen.

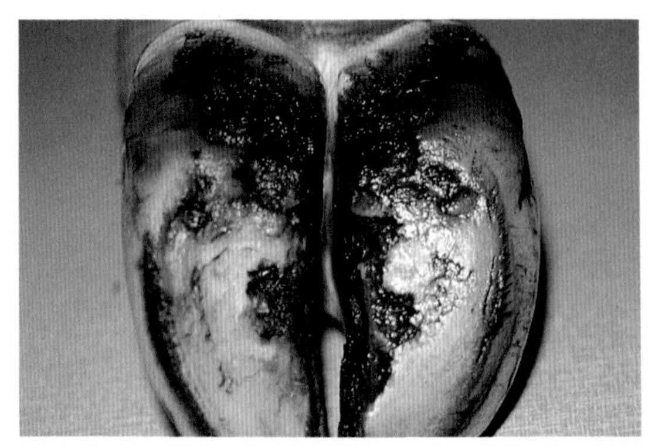

Abb. 112: Frühstadium Fersenabnutzung.

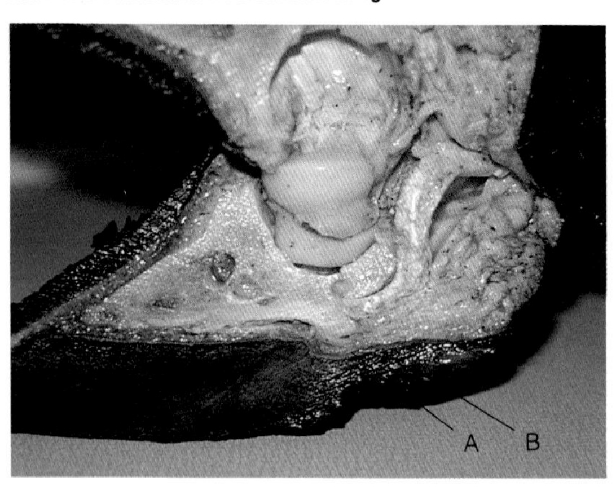


Abb. 113: Durch die ausgedehnte Ballennekrose (B) verliert der hintere Teil des Hufbeins seine Stütze, was zu einer Einbeulung der Sohle (A) und der Entstehung eines Geschwürs führt.

Schlammfieber Reizungen oder schweren Juckreiz hervorrufen kann.

Zur Behandlung sollte man die Kühe möglichst in den Stall bringen oder wenigstens für trockene Verhältnisse sorgen, die schlammverkrusteten Klauen abwaschen und – sobald sie trocken sind – eine fetthaltige, antiseptische Salbe auftragen. Außerdem können Zitzendesinfektionsmittel oder Aufweichmittel in Sprayform sehr nützlich sein. Da es sich um eine Infektion mit *Dermatophilus* handeln kann, sind Antibiotikainjektionen (z.B. Penicillin und Streptomycin) über einen Zeitraum von drei Tagen empfehlenswert.

## Ballenfäule (Erosio ungulae)

In Kapitel Drei wurde bereits die Bedeutung eines intakten Ballens von korrekter Höhe hinsichtlich Gewichtsverteilung und Stabilität der Klaue beschrieben. Bei im Stall gehaltenen Milchkühen, die über lange Zeit in nasser, ätzender Gülle stehen, wird das sonst weiche, intakte Ballenhorn abgenutzt und zerstört, so daß es schließlich völlig verschlissen sein kann. Auf Abbildung 112 ist eine Fersenabnutzung im Frühstadium dargestellt, während die Kuh mit digitaler Dermatitis von Abbildung 103 sehr schwer befallen ist.

Am Ende dreht sich die Klaue nach hinten. Das Krongelenk fällt ab, die vordere Klauenwand bildet einen viel flacheren Winkel zur Horizontalen (d.h. sie weicht vom korrekten Winkel von 45 Grad ab) und die Klauenspitze hebt sich vom Boden ab, so daß sie nicht mehr belastet wird.

Im Innern wird das Klauenbein nach hinten auf den Ballen zu gedreht und kann die Sohlenlederhaut dort, zwischen seinem hinteren Ende und der Klaue, quetschen, so daß es zur Bildung eines Sohlengeschwürs kommen kann.

Obwohl manche Klauenpfleger die Risse und Fissuren im Ballen aufgrund ihrer Bedeutung bei der Gewichtsverteilung entfernen, schneide ich persönlich den Ballen nur, wenn dieser stark vereitert ist oder wenn er so abgenutzt ist, daß man davon ausgehen kann, daß das hintere Ende des Klauenbeins direkt über dem noch verbliebenen Ballenhorn liegt (siehe Abbildung 113). Man erkennt darauf, wie das Sohlenhorn durch das Klauenbein eingedellt wurde (bei »A«) und wie (bei »B«) der stark abgenutzte Ballen vollständig fehlt.

Regelmäßige Klauenbäder mit Formalin verrin-

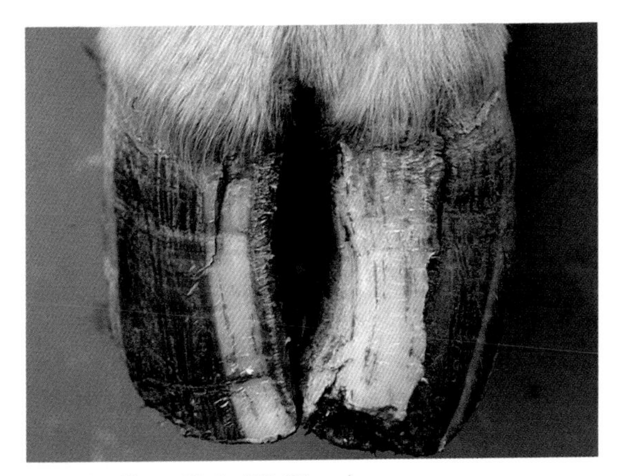

Abb. 114: Ein vertikaler Riß (Fissur).

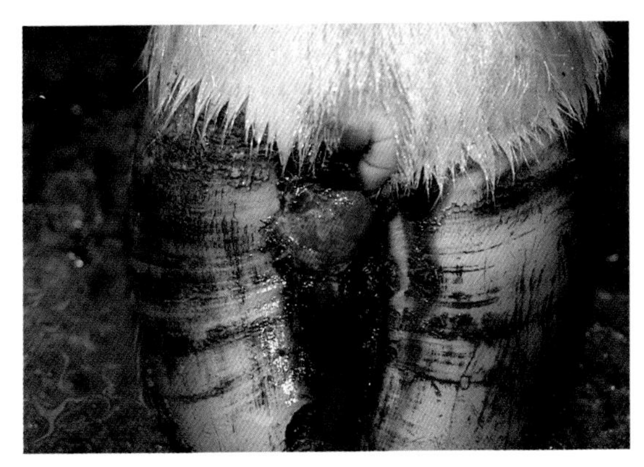

Abb. 115: Wildes Fleisch, das aus einem vertikalen Riß hervortritt.

gern das Risiko einer Ballenabnutzung. Außerdem sollte man vermehrt auf die Umgebung achten, d.h. die Gülle beseitigen und die Klauen trocken halten.

Sehr wahrscheinlich ist das Ausstreuen von Kalk in den Boxen (zur Verhinderung von Mastitis) auch zur Vermeidung einer Ballenhornfäule geeignet. Ein Weideaufenthalt im Sommer ist ideal, weil sich dabei der Ballen regenerieren und neu bilden kann.

## Vertikale Risse und Fissuren

Fissuren treten als Folge von Verletzungen des Perioplums auf, dem Bereich aus weichem Horn, der am Kronrand am Übergang zwischen Haut und Huf entspringt. Das Perioplum bedeckt den Ballen und überzieht die Klaue mit einer dünnen, wächsern glänzenden Schicht. Fissuren treten besonders bei älteren Rindern auf, die unter trocken-heißen Bedingungen auf sandigem Untergrund gehalten werden, können aber auch die Folge einer Dermatitis digitalis mit Beteiligung des Kronrandes sein. Da der geschädigte Kronsaumbereich kein intaktes Horn mehr produziert und gleichzeitig die seitlich angrenzenden Hornschichten bis hinunter zur Klauenlederhaut weiterwachsen, erscheint der Defekt als Längsriß in der Klauenwand.

Abbildung 114 zeigt eine Fissur beider Klauen, von der die eine beinahe bis zur Klauenspitze reicht. Ist die Fissur nur oberflächlich (d.h. ohne Beteiligung der Klauenlederhaut), so entsteht daraus keine Lahmheit. Da jedoch an der Vorderseite des Fußes zwischen Klaue und Klauenbein (Abbildung 3) nur ein schmaler Zwischenraum besteht, reicht beim Auftreten einer Infektion schon eine geringe Eitermenge aus, um schweres Lahmen hervorzurufen. Man kann rasch für Erleichterung sorgen, indem man den Abszeß mit dem gebogenen Ende eines Hufmessers öffnet und den Eiter abfließen läßt.

Treten Bewegungen zu beiden Seiten des Risses auf, so kann sich dort Granulationsgewebe (wildes Fleisch) bilden (Abbildung 115). Die beste Behandlungsmethode besteht in der Entfernung des Granulationsgewebes, dem vorsichtigen Öffnen des Abszesses sowie, in schwereren Fällen, im Anbringen eines Holz- oder Gummiblocks an die gesunde Klaue, um die Bewegungsfreiheit im Bereich des Risses einzuschränken.

## Horizontale Risse

Auch horizontal verlaufende Risse (Abbildung 116) können auftreten und bleiben oftmals unbemerkt, bis sie soweit nach unten gewachsen sind, daß sie die Klauenspitze erreichen. So kann eine Überfütterung mit Kraftfutter sowie jede ernsthafte Erkrankung, wie z.B. Mastitis (Euterentzündung), Metritis (Gebärmutterentzündung) oder Toxikämie (Blutvergiftung), zu einer vollständigen, wenn auch nur vorübergehenden Einstellung der Hornproduktion führen.

Sobald die Hornbildung wiedereinsetzt, wächst die Klaue weiter nach unten über die Lamellen. Dabei kann jedoch die Klauenwand auf ihrem gesamten Umfang einen Riß aufweisen, der auf die unterbrochene Hornproduktion zurückzuführen ist.

Die Lahmheit der auf Abbildung 116 dargestell-

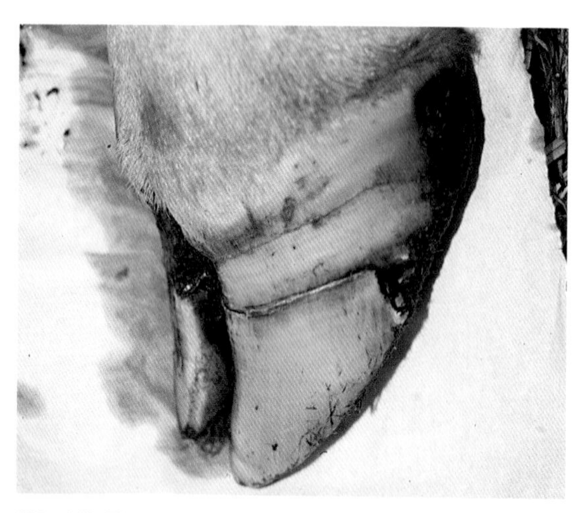

Abb. 116: Ein waagrechter Riß.

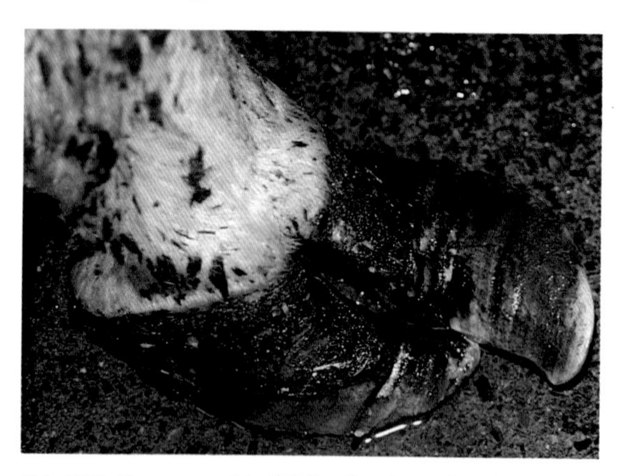

Abb. 117: Ein waagrechter Riß (»gebrochener Zeh«).

ten Kuh ist die Folge eines solchen horizontalen Risses. Sie hatte sich gerade von einer 5-6 Monate zurückliegenden akuten Kolimastitis erholt, weidete nun wieder mit den trockenstehenden Kühen zusammen und nahm etwas an Gewicht zu, als an allen vier Beinen Lahmheit auftrat. Je weiter sich der »Ring« aus altem Horn in Richtung Klauenspitze bewegte, desto größer war der Bewegungsspielraum zwischen altem und neuem Horn und desto eher bestand die Möglichkeit, daß kleine Steinchen und andere Fremdkörper in den Riß eindringen und eine Infektion hervorrufen konnten. Sowohl die Bewegung als auch die Infektion verursachen Schmerzen und Lahmheit, obwohl eine beträchtliche Zahl dieser »Ringe« einfach bricht und von der Klauenspitze abfällt, ohne besondere Schwierigkeiten zu verursachen. Die Kuh auf Abbildung 117 hat bereits einen Ring an der Klau-

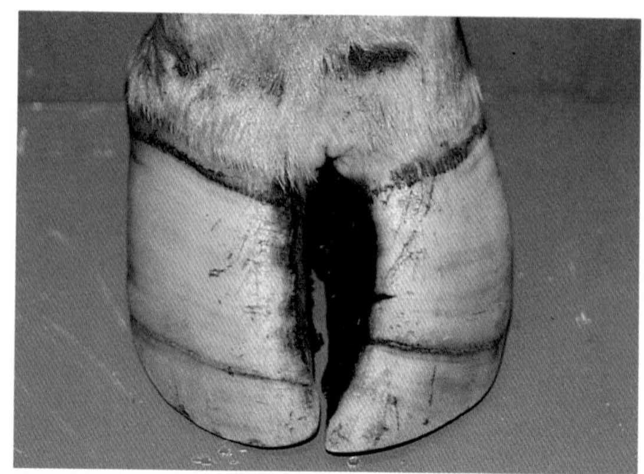

Abb. 118: Deutlich sichtbar an diesem Huf: Die schwarzen Linien stammen von inzwischen verwachsenen Rissen.

enspitze verloren, der andere ist nach oben gebogen und sitzt offensichtlich nur noch locker.

Sobald die Kuh lahmt, sollte der Ring aus losem Horn mit Hilfe eines Klauenmessers und einer Schermaschine entfernt werden (keine leichte Aufgabe). Danach sollte man an die gesunde Klaue einen Block anbringen. Manchmal sind alle Klauen an allen vier Gliedmaßen betroffen (siehe Abbildung 116), so daß die Kuh am besten geschlachtet werden sollte.

Eine leichtere Form der Klauenrehe erscheint als kreisförmige Rillen auf der vorderen Klauenwand (siehe Abbildung 118). Sie werden als »hardship lines« (Belastungslinien) bezeichnet (27). Ihr Entstehungsdatum (und damit ihre mögliche Ursache) kann dadurch bestimmt werden, indem man den Abstand zwischen Rille (hardship line) und Kronrand abmißt. Die Klaue wächst durchschnittlich 5 mm im Monat.

## Fraktur des Klauenbeins

Jedes schwere Trauma an der Sohle könnte theoretisch zu einer Fraktur des Klauenbeins führen. Die Frakturlinie verläuft normalerweise von der Mitte des Klauenbeins bis zu seiner Basis (Abbildung 119). Bei vielen älteren Kühen verläuft eine Rille quer über die Gelenkoberfläche des Klauenbeins, wodurch sie für eine Fraktur an dieser Stelle prädisponiert sind. Eine Ursache dafür ist das Verhalten während der Brünstigkeit, wenn das Tier nach dem Bespringen von anderen Tieren auf hartem Untergrund aufkommt. Morsche Knochen als Folge fortgeschrittenen Alters, eine Fluorvergiftung oder eine von der Klaue ausgehende Infektion können ebenfalls zu einer Fraktur führen.

Typischerweise ist die Innenklaue des Vorderbeines davon betroffen, so daß die Kuh ihr Gewicht auf die gesunde Außenklaue verlagert, indem sie die Beine überkreuzt (siehe Abbildung 120). Die Beinstellung allein ist jedoch kein ausreichender Hinweis auf eine Fraktur des Klauenbeins.

Kühe mit Geschwüren an beiden Innenklauen nehmen eine ähnliche Beinstellung ein.

Die betroffenen Tiere weisen oftmals an der Klaue weder Wärmegefühl noch Schwellungen auf, obwohl Schmerzen vorhanden sein können, wenn die Klaue gequetscht wird. Auf alle Fälle sollte ein Tierarzt hinzugezogen werden. Die Klaue

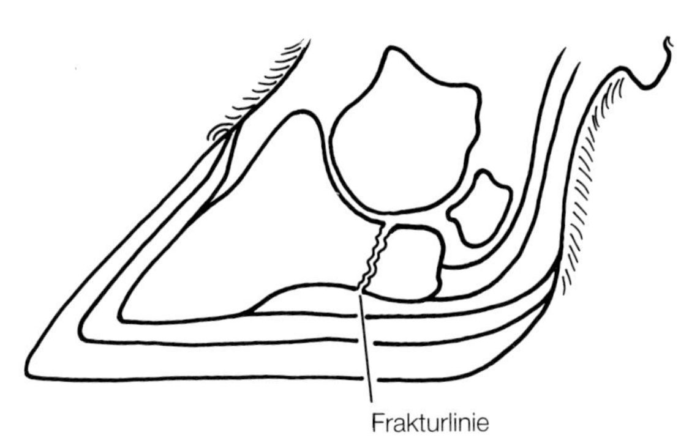


**Abb. 119: Fraktur des Klauenbeins. Die Frakturlinie verläuft normalerweise von der Mitte des Gelenks bis zur Basis des Klauenbeins.**

**Abb. 120: Fraktur des Klauenbeins: Die Kuh überkreuzt die Beine im Stehen.**

stellt für das Klauenbein eine ausgezeichnete Schiene dar. In vielen Fällen erfolgt die Heilung innerhalb von 2-3 Monaten – vorausgesetzt, ein Block wurde an die gesunde Klaue angebracht.

# Verbände, Blöcke und Schuhe

## Hufverbände

Was den Nutzen eines Verbandes im Falle eines Sohlengeschwürs oder eines Abszesses an der weißen Linie betrifft, so gehen hier die Meinungen auseinander. Die Nachteile eines Verbandes sind auf Seite 43 aufgelistet, und ich persönlich verwende einen Verband nur nach einem operativen Eingriff, um einer Hämorrhagie entgegenzuwirken (in schweren Fällen, mit einem Block kombiniert). Eine Ruhigstellung der betroffenen Klaue ist jedoch von großem Nutzen, beschleunigt den Heilungsprozeß und verbessert das Wohlbefinden der Kuh. Die beiden am häufigsten verwendeten Methoden sind Holzblöcke, die auf die Sohle aufgeklebt, und Gummiblöcke, die aufgenagelt werden.

## Holzblöcke

Die Vorbereitung der Klaue – entweder durch gründliches Auskratzen mit einem Hufmesser (Abbildung 121) oder durch Verwendung einer

**Abb. 121: Vor dem Auftragen des Klebstoffes, bzw. der Anbringung des Demotec Holzblocks, muß die Klaue gereinigt werden. (64)**

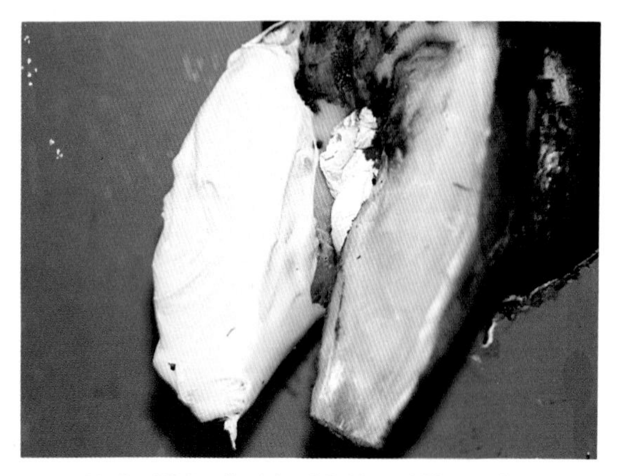

Abb. 122: Der Klebstoff wird auf Sohle und Klauenwände aufgetragen. Mit Hilfe des Papierknäuels werden die Klauen gespreizt, wodurch der Zugang zur Klaueninnenwand erleichtert wird.

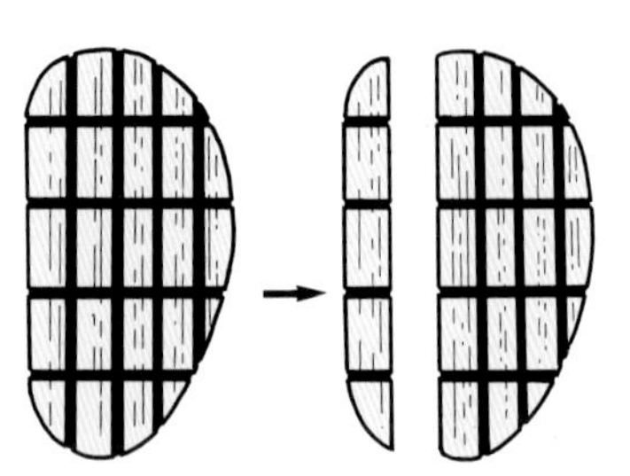

Abb. 125: Viele im Handel erhältliche Blöcke sind zu breit. Schneidet man einen Streifen davon ab, so erzielt man ein besseres Haftvermögen.

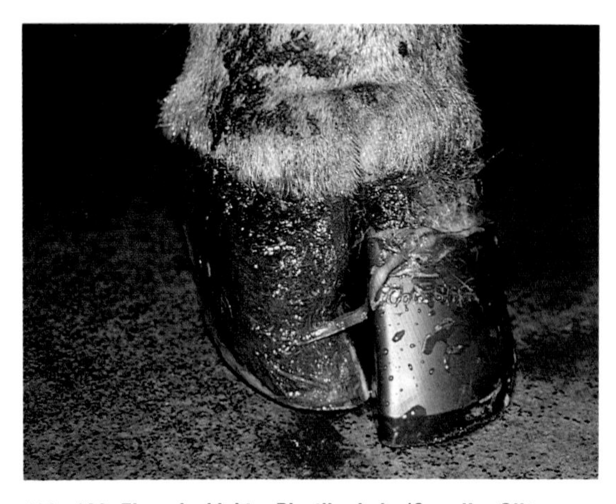

Abb. 123: Ein aufgeklebter Plastikschuh. (Cowslip, Giltspur UK - 63)

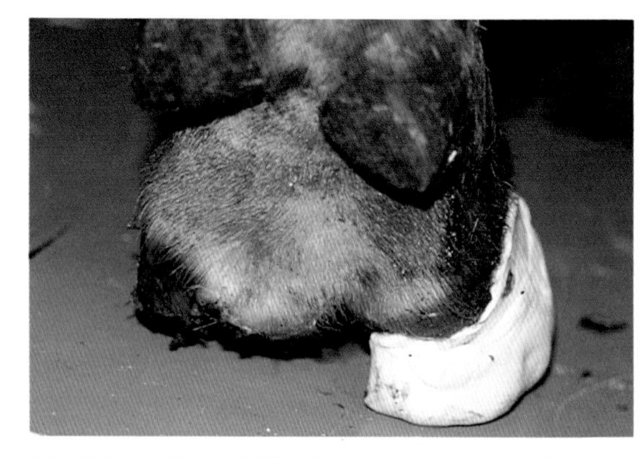

Abb. 126: Der Klebstoff überzieht den gesamten Block. Die betroffene Klaue hat keinen Bodenkontakt mehr.

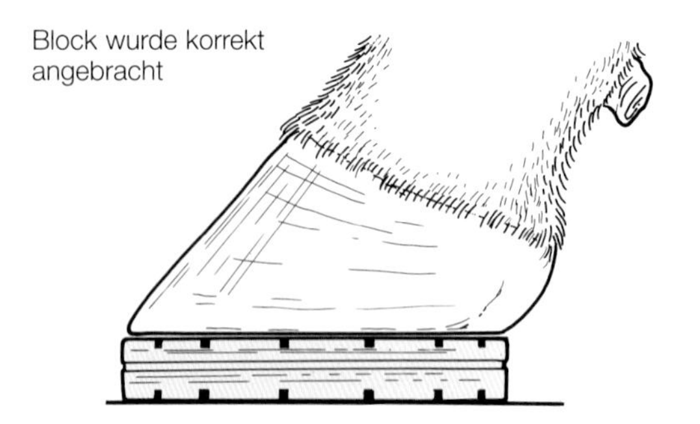


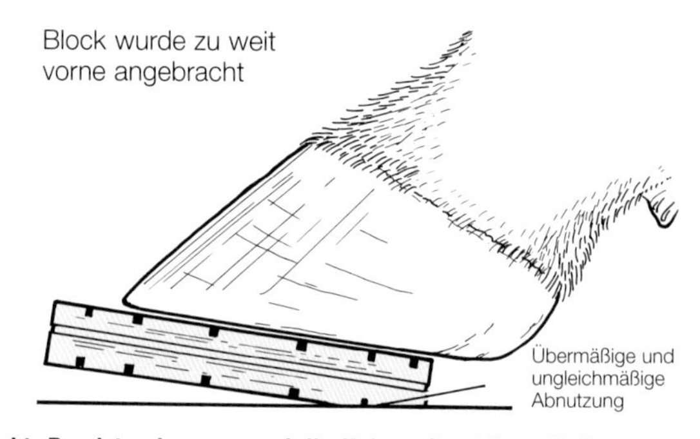


Abb. 124: Der Holzblock wurde zu weit vor der Klauenspitze angebracht. Das ist unbequem und die Kuh muß auf ihren Ballen gehen.

elektrischen Schleifmaschine – ist der wichtigste Vorgang beim Anbringen eines Holzblocks.

Bevor der Klebstoff aufgetragen wird, sollten alle Teile der Klaue sauber und trocken sein. Selbst wenn Sie mit den Fingern die gereinigte Oberfläche berühren, kann das darauf befindliche Fett das Haftvermögen beeinträchtigen. Wenn ein Bereich der Klaue blutet, so kann es unter Umständen schwierig sein, zu verhindern, daß Blut auf die Klaue spritzt , an die der Block angebracht werden soll. In diesem Fall ist es sehr hilfreich, einen langen Plastikärmel, wie er für rektale Untersuchungen verwendet wird, anzulegen, um dem Blut eine Abflußmöglichkeit zu bieten. Das Auftragen des Klebstoffes wird einfacher, wenn man die Klauen mit Hilfe eines 5 cm langen und 7,5 mm breiten Holzdübels oder einer zusammengerollten Papierkugel auseinanderspreizt (Abbildung 122). Der Klebstoff wird verrührt, bis er eine feste Konsistenz erreicht hat. Daraufhin wird eine Schicht auf die Sohle, auf die seitlichen Klauenwände und auf den anzubringenden Block aufgetragen.

Anschließend wird der Block fest auf die Sohle gedrückt und der überschüssige, herausquellende Klebstoff wird über die Seiten des Blocks verstrichen, um eine noch bessere Haftung zu erzielen. Die noch verbleibenden Klebstoffreste können auf den Ballen aufgetragen werden. Wenn noch genügend Klebstoff vorhanden ist, kann der gesamte Block damit bestrichen werden. Dadurch werden Haftvermögen, Festigkeit und eine bessere Tragfähigkeit erreicht.

Das vordere Ende des Blocks sollte mindestens auf gleicher Höhe mit der Klauenspitze abschließen, sich eventuell sogar etwas nach hinten versetzt befinden und, im Idealfall, am Ballen etwas überstehen (siehe Abbildung 126). Wird der Block zu weit vorne angebracht (Abbildung 124), geht die Kuh auf den Ballen, was mit großen Beschwerden und dem unregelmäßigen und schnellen Verschleiß des Blocks verbunden ist.

Es ist außerdem von Vorteil, wenn der Block seitlich an der Sohle nicht übersteht. Viele der im Handel erhältlichen Blöcke sind zu groß. Und ich schneide regelmäßig einen Streifen davon ab, damit sie passen (Abbildung 125). Dadurch verbraucht man weniger Klebstoff und erzielt eine bessere Haftung. PVC-Schuhe (»Cowslips«, Giltspur Ltd., siehe Abbildung 123 und Ref. 63) werden ebenfalls nach vorheriger Reinigung der Klaue aufgesetzt. Im Vergleich zu Holzblöcken haben sie einige Vorteile aufzuweisen: Der Klebstoff wird im Schuh angemischt, der PVC-Ballen verschleißt viel langsamer als der bei einem Holzblock und der Schuh bietet eine seitliche Stütze für die Klaue. Was außerdem sehr wichtig ist: Der Klebstoff trocknet – selbst bei kalter Witterung – sehr schnell. Genau wie bei den Holzblöcken, ist es auch bei PVC-Schuhen wichtig, sie weit genug nach hinten zu schieben, damit sie die Klaue stüt-

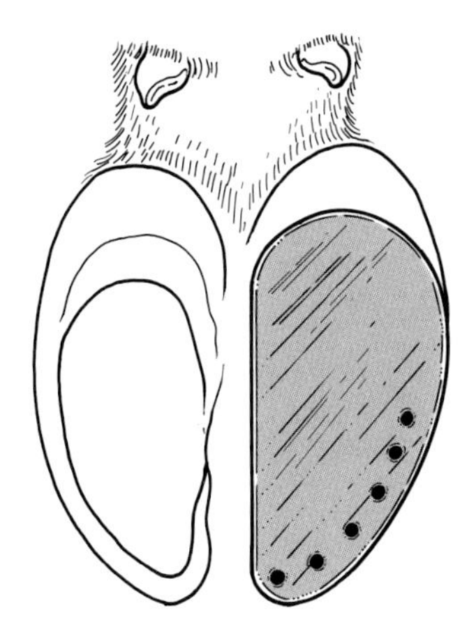

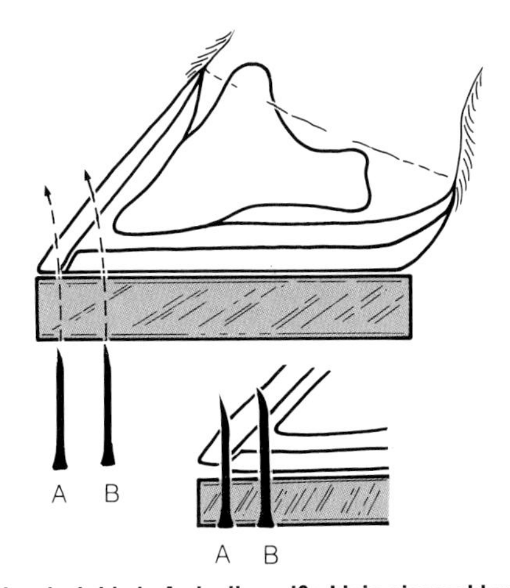


**Abb. 127: Die richtige Plazierung der Nägel bei einem Gummiblock. Der Nagel wird bei »A« in die weiße Linie eingeschlagen und durchdringt die Hufwand, ohne dabei empfindliches Gewebe zu zerstören. Nagel »B« verläuft mitten durch die weiße Linie, durchdringt die Lederhaut und verursacht damit Schmerzen, Infektion und Lahmheit.**

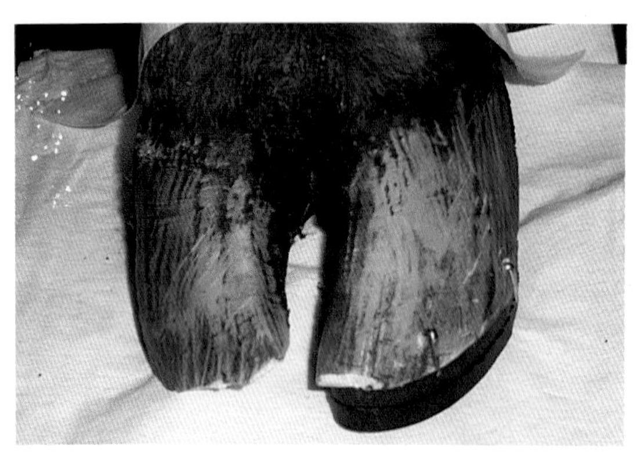

Abb. 128: Ein aufgenagelter Gummiblock.

Abb. 129: Ein Schutzschuh aus Plastik.

zen. Vor der Anbringung von »Cowslips« kann es erforderlich sein, die gesunde Klaue zu schneiden. Wenn PVC-Schuhe bzw. Holzblöcke korrekt aufgesetzt wurden, sollten sie mindestens zwei Monate lang auf der Klaue verbleiben. Es ist erstaunlich, daß selbst schwere Läsionen während dieser Zeit vollständig abheilen können. Sobald der Ballen jedoch verschlissen ist, sollte der PVC.-Schuh oder Holzblock entfernt werden, weil das Tier sonst Beschwerden beim Gehen hat.

## Gummiblöcke

Gummiblöcke werden aufgenagelt (Abbildung 128). Sie sind kostengünstiger und einfacher in der Anwendung, doch nicht allseits beliebt, weil die Gefahr besteht, daß die Nägel die weiße Linie penetrieren und eine Infektion verursachen. Überdies halten sie sich nicht so lange wie aufgeklebte Blöcke. Wenn sie abfallen, besteht die Gefahr, daß die ausgefallenen Nägel die Sohle durchdringen.

Auf Abbildung 127 wird gezeigt, wie wichtig es ist, daß die Nägel an der richtigen Stelle eingeschlagen werden. Nagel »A« durchdringt zuerst die weiße Linie und dann, mit seinem abgeschrägten Ende, die Hufwand, wobei keinerlei empfindliches Gewebe zerstört wird. Nagel »B« befindet sich jedoch zu weit im Innern der weißen Linie und obwohl auch er seitlich an der Wand wieder zum Vorschein kommt, hat er doch auf seinem Weg die Lederhaut penetriert, wodurch eine Infektion, Schmerzen und Lahmheit verursacht werden.

Vor Anbringen des Blocks muß die Sohle geschnitten werden, um eine intakte und ebenmäßige, belastbare Fläche zu erhalten . Die Klaue wird festgehalten, und die Nägel werden, mit dem abgeschrägten Ende voran, durch den Sohlenbereich der weißen Linie eingeschlagen. Bedingt durch die einseitige Abschrägung wird der Nagel etwas nach außen abweichen, um an der Klauenwand wieder zum Vorschein zu kommen, wo er dann umgebogen werden kann.

## Schutzschuhe aus Kunststoff

Früher waren Schutzschuhe aus Kunststoff (Abbildung 129) sehr beliebt und wurden häufig eingesetzt. Sie wurden um das Krongelenk befestigt und umschlossen beide Klauen. Um die befallene Klaue konnte ein Verband angelegt werden.

Heutzutage haben sie jedoch an Bedeutung verloren, da sie zum einen schwer zu befestigen sind und zum anderen, weil die Klaue im Schuh zu schwitzen beginnt und die Heilung dadurch verzögert wird.

# Ursachen und Vermeidung von Lahmheit

Tritt in einer Herde Lahmheit auf, so ist sehr unwahrscheinlich, daß sie auf einer einzigen Ursache beruht. Lahmheit ist das typische Beispiel eines multifaktoriellen Geschehens, d.h. zahlreiche Faktoren wirken sich nachteilig auf den Zustand der Klaue aus. Jeder dieser Faktoren würde allein wahrscheinlich keine Lahmheit verursachen. Treten die Faktoren jedoch gemeinsam auf, so können ernsthafte Klauenbeschwerden entstehen.
Manche dieser nachteiligen Wirkungen, die zur Lahmheit führen, können nur schwer vermieden werden. Typische Beispiele dafür sind:

- Kalben (führt zur Entstehung von Sohlenhämorrhagien (27) und zur Schwächung der weißen Linie (40) ),
- Stehen auf hartem Beton (20)
- das hohe Fütterungsniveau, das die kommerzielle Milchproduktion erfordert (21).

Diese Auswirkungen können jedoch auf ein Minimum reduziert werden, wenn wir die von uns beeinflußbaren Faktoren und die Klauenpflege optimal gestalten.
Obwohl die einzelnen Faktoren, wie Ernährung, Umwelt, Haltung und toxische Auswirkungen, separat beschrieben werden, ist es wichtig zu wissen, daß in Wirklichkeit alle Faktoren zusammenwirken. Dabei spielt jedoch das Kalben eine besonders wichtige Rolle, da in dieser Zeit die Lederhaut viel empfindlicher auf Ernährungs- und Umweltfaktoren reagiert. Darauf wird in diesem Kapitel auf Seite 75 näher eingegangen.

In diesem Kapitel wird der Begriff Laminitis verwendet, um Veränderungen in der Sohle (wo Papillen, aber keine Laminae vorhanden sind) und in der weißen Linie (die weder Laminae noch Papillen aufweist und sich vorwiegend aus Zwischenröhrchenhorn zusammensetzt) zu beschreiben. Allgemeine Veränderungen in der Lederhaut (Coriitis oder Coriosis) (38) wäre die zutreffendere Bezeichnung (siehe Seite 14). Detaillierte wissenschaftliche Abhandlungen über die Ursachen von Sohlenläsionen sind anderweitig erhältlich (15, 46, 56).

## Ernährungsfaktoren

### Pansenazidose

Es ist allgemein bekannt, daß Futterrationen mit hohem Stärkegehalt bzw. niedrigem Rohfasergehalt, die eine Pansenazidose zur Folge haben können, die wichtigste Ursache bei der Entstehung von Klauenrehe sind, was zu Sohlengeschwüren, Abszessen an der weißen Linie und zu Lahmheit führen kann. Das Verhältnis von Kraft-zu Grundfutter in der Ration sollte 60 : 40 nicht überschreiten. Selbst bei dieser Zusammenstellung können Probleme auftreten, besonders wenn das Kraftfutter einen hohen Stärkegehalt aufweist und die Silage kurz gehäckselt, nährstoffreich und rohfaserarm ist, wodurch der Gesamtanteil an Rohfasersubstanz (in neutraler Detergentienlösung) im Futter weniger als 40% beträgt. Eine solche Ration wird verbessert, indem man 1-2 kg Stroh entweder der kompletten Futterration beimengt oder zur freien Aufnahme vorlegt . Es ist erstaunlich, wieviel Stroh Kühe fressen, wenn es zu ihrer freien Verfügung steht. Außerdem regt rohfaserhaltiges Trockenfutter den Speichelfluß und das Wiederkäuen viel stärker an als feuchtes Grundfutter, wie z.B. Gärfutter. Die langfaserige Großballensilage stellt eine nützliche Alternative dar. Der normale Pansen-pH-Wert liegt bei 6,5 .Nach einer Fütterung mit Konzentratfutter kann er auf einen Wert von 6,0 oder sogar 5,5 absinken, wenn eine große Menge stärkehaltigen (d.h. energiereichen) Konzentratfutters aufgenommen wurde. Die Stärke wird im Pansen durch Mikroorganismen zu Milchsäure fermentiert. Das zu starke Absinken des pH-Wertes im Pansen wird als Pansenazidose bezeichnet. Während beträchtliche Milchsäuremengen in Propionat und dann in Glukose umgewandelt werden können, gelangt die überschüssige Milchsäure in den Blutkreislauf. Am Anfang kann Bicarbonat als Puffersubstanz wirken. Wenn aber der Anteil an

Milchsäure beständig steigt, kommt es zu einer metabolischen Azidose. Das bedeutet, daß das Blut übersäuert wird (zu niedriger pH-Wert) und die betroffenen Kühe zu hecheln beginnen, um die überschüssige Säure auszuatmen.

In Herden mit Azidose steigt die Häufigkeit der Regurgitation (Rückschlucken) und es kann Schwanzschlagen auftreten, das auf Vaginalreizung durch sauren Urin zurückzuführen ist.

## Bakterielle Endotoxine

Bisher ist der genaue Weg unbekannt, wie es aufgrund einer Azidose zu Laminitis kommt. Man vermutet, daß durch die Veränderungen bei der Pansengärung bakterielle Endotoxine (Endotoxine sind giftige Abbauprodukte abgestorbener Bakterien) freigesetzt werden, die nach ihrer Aufnahme eine Histaminfreisetzung bewirken (2). Histamin schädigt die Blutgefäße, so daß die auf Seite 10 beschriebenen empfindlichen Mechanismen in der Klaue, die die Durchblutung kontrollieren, gestört werden. Es kommt zu Blutansammlungen und eventuell zur Bildung von Blutgerinnseln (Thrombose).

Wahrscheinlich sind auch die Schädigungen an den arteriovenösen Anastomosen (die winzigen Verbindungen zwischen Arterien und Venen, die sich am unteren Ende der Laminae und Papillen befinden) mitverantwortlich für die grundlegenden Veränderungen, die zu einer Laminitis führen (59). Wird die Lederhaut nicht richtig durchblutet, kommt es zu einer unzureichenden Versorgung mit Sauerstoff und schwefelhaltigen Aminosäuren, die zur Hornbildung unbedingt notwendig sind. Man hat experimentell festgestellt, daß bereits zwei Stunden nach einer Milchsäureinjektion in den Pansen, Veränderungen in der Lederhaut zu beobachten sind (29). Innerhalb einer Woche zeigte sich unter dem Mikroskop eine Trennung zwischen Horn und den hornbildenden Schichten (d.h. zwischen Stratum corneum und Stratum germinativum) (siehe Seite 5). Wenn keine Schritte dagegen unternommen wurden, führte dies zu Sohlengeschwüren oder sogar zu horizontalen Rissen.

Bakterielle Endotoxine werden nicht nur im Pansen gebildet. Sie können ebenfalls aufgrund des Absterbens von Bakterien nach einer akuten Mastitis (Euterentzündung) oder Metritis (Gebärmutterinfektion) gebildet werden, so daß beide Erkrankungen eine sachgemäße Behandlung erfordern, um nachfolgende Klauenerkrankungen zu vermeiden. Während der Kalbungszeit führen Veränderungen im Blutkreislauf oftmals zu Flüssigkeitsansammlungen. Sie sind häufig am Euter als Ödeme sichtbar. Eine ähnliche Flüssigkeitsansammlung findet man in der Lederhaut, wodurch es zur Bildung von weicherem Horn sowie, in schwereren Fällen, zu Hämorrhagien, Hornabtrennung und Sohlengeschwüren kommen kann. Das Problem kann noch dadurch verstärkt werden, daß vor allem Färsen in den zwei Wochen vor bzw. nach dem Kalben längere Zeit stehen als sonst (37). Diesem Krankheitsstadium, das zu weiteren Flüssigkeitsansammlungen in der Lederhaut führen kann, sollte man besondere Bedeutung beimessen. Eine bequeme Liegebox ist ebenfalls sehr wichtig (siehe Seiten 68-71).

Durch ausreichende Bewegung wird eine gute Durchblutung der Klaue gewährleistet. Man sollte dafür sorgen, daß sich kalbende Kühe nicht nur in den Abkalbeboxen aufhalten und sie zu etwas Bewegung animieren, selbst wenn sie krank sein sollten. Das heißt natürlich nicht, daß man sie wieder in die Herde integrieren sollte, wo sie sich beim Streit ums Futter und um einen Platz in der Rangordnung behaupten müßten.

Pansenazidose stellt gewissermaßen einen sich selbst erhaltenden Vorgang dar. Ein Absinken des pH-Wertes im Pansen verringert die Pansenbeweglichkeit, die ihrerseits zu Appetitlosigkeit und folglich zu einer reduzierten Aufnahme von Trockenfutter führt. Die Kuh, die im Melkstand zuviel Kraftfutter aufgenommen hat, wird daraufhin wahrscheinlich weniger Rauhfutter und Silage zu sich nehmen und damit die Pansenazidose noch weiter verschlimmern. Dies spielt vor allem direkt nach dem Abkalben eine große Rolle, wenn die Kuh allgemein weniger Appetit hat und sich das Problem einer verringerten Aufnahme von Rauhfutter und Silage oftmals noch durch eine vermehrte Kraftfutteraufnahme verschlimmert. Diese Grundfutterverdrängung (pro kg verfüttertem Kraftfutter geht die Grundfutteraufnahme um eine bestimmte Menge Trockensubstanz zurück) liegt in der frühen Laktationsperiode um einiges höher und eine vermehrte Aufnahme von Kraftfutter führt somit zu einem geringeren Verbrauch an Grundfutter.

## Futtermengen und Fütterungszeiten

Wenn zweimal am Tag gemolken wird, sollte man nicht mehr als 8-10 kg Kraftfutter pro Tag verfüttern, d.h. höchstens 5 kg pro Fütterung, im Idealfall 4 kg oder darunter. Das Risiko einer Klauenrehe ist sehr hoch, wenn im Melkstand pro Tag 12 kg und mehr verfüttert werden, besonders wenn das Kraftfutter einen hohen Stärkegehalt aufweist.

Ebenfalls abzuraten ist von einer Konzentratfütterung (oder von einer Fütterung mit Maiskleber, Palmkern usw.) außerhalb des Melkstandes während des Morgenmelkens. Es mag einfacher sein, die Kühe während des Melkens zu füttern, es bedeutet jedoch, daß sie nach Verlassen des Melkstandes eine zweite Kraftfutterration erhalten. Dabei kann es vorkommen, daß Hochleistungstiere außerhalb des Melkstandes kein Kraftfutter mehr aufnehmen, während Kühe am Ende der Laktation zuviel fressen und deshalb zuviel Fett ansetzen. Bei frisch kalbenden Kühen kann es vorkommen, daß sie zuviel Kraftfutter fressen, was zu einer noch schwereren Azidose führt, so daß sowohl die Klauen als auch die Fertilität in Mitleidenschaft gezogen werden.

Kraftfutter, das einen hohen Gehalt an verdaulichen Fasern aufweist, ist sehr nützlich.Wesentlich besser ist es jedoch, die Kraftfuttergaben gleichmäßig über den ganzen Tag zu verteilen, entweder in einem Alleinfutter, das in einem Futtermischwagen hergestellt wird, oder durch ein- bis zweimalige, zusätzliche Kraftfuttergaben außerhalb des Melkstandes oder mit einem Kraftfutterautomaten.

## Futterfett

Hohe Fettrationen sollten vermieden werden. Mehr als 4% Fettgehalt in der gesamten Trockensubstanz der Ration kann zu gestörter Verdauung des Grundfutters führen, da die Mikroorganismen im Pansen mit Fett überzogen werden. Das kann zu einer Sekundärazidose führen.

## Nahrungsumstellung beim Kalben

Plötzliche Nahrungsumstellungen sind sehr gefährlich, besonders beim plötzlichen Übergang von niedrigen zu hohen Kraftfutterrationen. Dies kann nach dem Kalben der Fall sein. Im Idealfall sollte man den Kühen vor dem Abkalben eine verringerte Leistungsration füttern, damit sie nicht zuviel Fett ansetzen und sich die Mikroorganismen im Pansen an Kraftfutter gewöhnen können. Nach dem Abkalben sollte die Kraftfutterration dann allmählich erhöht werden, so daß die Höchstration nicht vor der 2.-3. Laktationswoche erreicht wird. Gleichmäßige Fütterung (flat-rate- feeding), bei der die Kühe, ungeachtet ihrer Leistung, ein Kraftfutter-Maximum (normalerweise 8-9 kg pro Tag) erhalten, könnte vermutlich in einigen Herden die Klauenprobleme reduzieren, da die Spitzenrationen wegfielen.

Allerdings bewirkt flat-rate-feeding bei Kühen, die das gesamte Kraftfutter außerhalb des Melkstandes bekommen und die im Anschluß an eine reine Grundfutterration in der Trockenstehperiode sofort auf die Maximumration gesetzt werden, das Gegenteil. Dies könnte auch eine Erklärung dafür sein (60), warum manche Leute feststellen, daß in Herden mit flat-rate-feeding Lahmheit in verstärktem Maße aufgetreten ist. Dies ist ein gutes Beispiel für die beschriebenen, multifaktoriellen Einflüsse, die zur Entstehung von Lahmheit beitragen können.

Die Häufigkeit, mit der Klauenrehe auftritt, wird durch die Zusammensetzung der Ernährung bestimmt und nicht durch die Gesamt-Energieaufnahme. In Tabelle 1 (39) sind zwei Gruppen von Kühen aufgeführt, von denen die eine Gruppe (A) eine rohfaserreiche Ration, die andere (B) eine rohfaserarme Ration mit viel Kraftfutter erhielt. Beide Futterrationen hatten den gleichen Gesamtgehalt an Rohprotein (CP = crude protein) und beide Gruppen erzielten insgesamt eine ähnliche Energieaufnahme (Mj/kg) pro Tag, obwohl die Gruppe, die rohfaserhaltiges Futter erhielt, hierfür eine größere Menge an Trockensubstanz aufnehmen mußte.

Die große Häufigkeit, mit der Klauenrehe und auch Sohlengeschwüre in der Gruppe mit rohfaserarmer Ernährung (B) auftraten, war auffallend. Trotz regelmäßiger Klauenpflege waren in Gruppe B Sohlengeschwüre viel häufiger. Es zeigte sich, daß die Ernährung vor dem Abkalben keinen Einfluß hatte.

Bei einem Versuch (49), der sich über zwei Laktationsperioden erstreckte, kam man zu ähnlichen Ergebnissen (Tabelle 2). Dabei waren die Unterschiede zwischen der Kraftfutter- und Grundfuttergruppe in der zweiten Laktationsperiode viel deutlicher zu erkennen, was höchstwahrscheinlich auf die Auswirkungen von Verletzungen in der ersten Laktation zurückzuführen ist.

Die Fütterung mit großen Kraftfuttermengen ist jedoch nicht der einzige Faktor, der bei der Entstehung von Sohlengeschwüren und Abszessen an der weißen Linie eine Rolle spielt. Beide Beschwerden traten ebenso in einer Herde auf, die in einem flatrate-System niedrige Kraftfuttermengen einsetzte, mit einem Verhältnis Kraftfutter : Grundfutter von 20 : 80 (6).

## Rohprotein

Man ging bisher davon aus, daß Rationen mit hohem Proteingehalt möglicherweise für das verstärkte Auftreten von Lahmheit (5,42) verantwortlich zu machen sind, und zwar aufgrund des hohen Gehalts an Ammoniak, das im Pansen gebildet wird (60). Doch scheint dies kein allgemeines Problem zu sein. Die sehr hohe Rohproteinaufnahme in Verbindung mit der Weidehaltung im Frühjahr spielt sicherlich keine bedeutende Rolle. Es ist möglich, daß die stark proteinhaltigen Winterrationen, die mit der Aufnahme einer großen Menge an Kraftfutter in Verbindung stehen, der ausschlaggebende Faktor hierbei sind, und die Ursache die übermäßige Stärkezufuhr und nicht die zu hohe Rohproteinaufnahme ist. Eine Fütterung, die in der Gesamtration 18% an Rohprotein überschreitet, sollte jedoch vermieden werden.

Lahmheit tritt oftmals in verstärktem Maße bei der Verfütterung von Grassilage auf, besonders wenn diese naß und schlecht vergoren ist. Man hat bislang nicht herausfinden können, ob dies auf toxische Substanzen (wahrscheinlich Amine) in der Silage zurückzuführen ist, die eine direkte Wirkung auf die Entstehung von Klauenrehe haben, oder ob diese Silage die Grundfutteraufnahme reduziert und hierdurch das Verhältnis von Kraft- zu Grundfutter beeinflußt wird (27).

## Fütterung während Aufzucht

Bei Färsen führen große Mengen an Kraftfutter, und vor allen Dingen eine plötzliche Umstellung von einer kraftfutterarmen auf eine kraftfutterreiche Ration, sogar während der Aufzuchtperiode (jünger als 18 Monate) zu Klauenrehe (27).

Futteraufnahmen, die zu täglichen Zunahmen von 800 g pro Tag und darüber führen, ziehen bei Färsen erwiesenermaßen Sohlenhämorrhagien nach sich. Dies ist von besonderem Interesse, wenn man bedenkt, daß in den vergangenen 10-15 Jahren erreicht wurde, daß ein größerer Anteil Färsen im Alter von zwei Jahren abkalbt , wozu die täglichen Zunahmen beschleunigt werden mußten und eine kraftfutterreiche Fütterung notwendig erschien. Sollte das ein Grund dafür sein, daß in demselben Zeitraum ein deutlicher Anstieg in der Häufigkeit von Lahmheit zu beobachten war?

In letzter Zeit wurde bei einigen Herden aus diesem Grund das Kraftfutter in der Färsenaufzucht reduziert. Die täglichen Zunahmen werden davon anscheinend nicht in Mitleidenschaft gezogen, vorausgesetzt, die Tiere haben freien Zugang zu Grundfutter. Man kann die Schmackhaftigkeit des Futters – und folglich die Aufnahme an Trockensubstanz – dadurch erhöhen, indem man Biertreber und ähnliche, leicht verdauliche, faserarme Futtermittel mit einbezieht. Die Trockensubstanzaufnahme dürfte bei Färsen, die mit Grundfutter aufgezogen wurden, nach dem Abkalben höher sein als bei Färsen mit Kraftfutterrationen.

## Kondition der Kuh

Die Kondition der Kuh beim Kalben ist ebenfalls von großer Bedeutung. Fette Kühe nehmen nach dem Abkalben weniger Futter auf, vor allem weniger Grundfutter (26), und sind daher mehr prädisponiert, Azidose und Laminitis zu entwickeln. Die Fütterung der Kühe sollte so erfolgen, daß sie beim Trockenstellen in der Kondition eine Punktzahl von 2,5-3,0 erreichen. Diese Kondition sollte bis zum Abkalben aufrechterhalten werden.

Es wird vor allem der als Fleischergriff bekannte Lendengriff benutzt, mit dem die Querfortsätze der Lendenwirbel zwischen Hüfte und letzter Rippe (Hungergrube) abgegriffen werden.

Zusätzlich zur Fettabdeckung der Lendenwirbelquerfortsätze werden Fettabdeckungen im Schwanzansatzbereich und auf den Rippen zur Konditionseinschätzung herangezogen. Die Extreme sind die Konditionsklassen 0 und 5:

**Tab.1 Zwei Gruppen von Kühen* mit gleicher täglicher Protein-und Energieaufnahme, wobei Gruppe A eine stark rohfaserhaltige und Gruppe B eine rohfaserarme Ration erhielt (39).**

| | Umsetzbare Energie (Mj/kg) | Rohprotein (g/kg) | Anzahl der Kühe mit klinischer Laminitis | Anzahl der Kühe mit Sohlengeschwüren |
|---|---|---|---|---|
| Gruppe A (rohfaserhaltige Ration) | 10.8 | 158 | 2 (8%) | 2 (8%) |
| Gruppe B (rohfaserarme Ration) | 11.1 | 157 | 17 (68%) | 16 (64%) |

* Anzahl der Kühe in Gruppe A= 26, in Gruppe B = 25

**Tab.2 Anzahl der Kühe in Fütterungsgruppen mit hohem Kraftfutter-bzw. hohem Rohfaseranteil in der Ration, die auf Sohlengeschwüre behandelt wurden. Im 1. Experiment wurde Kraftfutter und Grundfutter (Rauhfutter) getrennt verfüttert. Am Ende der ersten Laktation wurden die mit der hohen Kraftfutterration gefütterten Kühe auf Grundfutter umgestellt und umgekehrt. Im 2. Experiment erhielten alle Kühe, sowohl die Kraftfutter- als auch die Grundfuttergruppe, jeweils ein Alleinfutter und am Ende der ersten Laktation fand keine Umstellung statt (49).**

| | 1. Laktation | | | 2. Laktation | | |
|---|---|---|---|---|---|---|
| | Anzahl der Kühe | Anzahl der behandelten Kühe | % | Anzahl der Kühe | Anzahl der behandelten Kühe | % |
| 1. Experiment | | | | | | |
| Kraftfuttergruppe | 46 | 26 | (58) | 29 | 19 | (66) |
| Grundfuttergruppe | 47 | 14 | (30) | 35 | 11 | (31) |
| | 0.005 <P<0.01 | | | 0.005<P<0.01 | | |
| 2. Experiment | | | | | | |
| Kraftfuttergruppe | 33 | 8 | (24) | 14 | 12 | (85) |
| Grundfuttergruppe | 30 | 5 | (17) | 20 | 6 | (28) |
| | | unbedeutend | | | P<0.005 | |

Die Signifikanz zwischen den Gruppen wurde statistisch mit dem Pearson's x2 Test ermittelt, ausgehend von der Hypothese, daß das Vorhanden-bzw. Nichtvorhandensein von Sohlengeschwüren bei beiden Gruppen gleichmäßig verteilt ist.

0 Sehr mager : Die Wirbelsäule ist erkennbar. Die Querfortsätze der Lendenwirbel treten ohne fühlbare Fettabdeckung scharf hervor.

5 Sehr fett : Lendenwirbel sind vollständig von Fett umschlossen. Schwanzansatz und Hüftknochen sind ebenfalls vollständig von Fett umschlossen.

Die beim Trockenstellen angestrebte Konditionsklasse 2,5-3 :

2 Mager : Die Querfortsätze der Lendenwirbel fühlen sich eher rundlich an. Am Schwanzansatz und Hüftknochen stärkere Gewebeabdeckung. Die Rippen sind nicht mehr einzeln zu erkennen.

3 Mittel : Die Querfortsätze der Lendenwirbel können nur unter stärkerem Druck ertastet werden. Am Schwanzansatz läßt sich eine gewisse Fettabdeckung spüren.

Wenn die Tiere vor dem Trockenstellen verfettet sind, ist es nachher in der Trockenstehperiode sehr schwierig, ihr Gewicht zu reduzieren. Eine Ad-libitum-Fütterung bestehend aus Gerstenstroh und 0,5 kg Fischmehl führt zwar zu einer Gewichtsreduktion. Es ist jedoch nicht sehr effizient, den Kühen zuerst Übergewicht anzufüttern und dann das Gewicht wieder zu reduzieren (schlechte Futterverwertung). Silage sollte an trockenstehende Kühe niemals ad-libitum verfüttert werden, außer in Fällen, die eine Gewichtszunahme erfordern.

## Zink, Schwefel und Biotin

Man hat zum Teil angenommen, daß bestimmte Nahrungsstoffe die Festigkeit des Klauenhorns erhöhen. Die dokumentierten Beweise über ihre Wirksamkeit sind jedoch widersprüchlich. Sie können nicht immer nachgewiesen werden und ihre Bedeutung – verglichen mit anderen Faktoren – ist wahrscheinlich nur begrenzt .

Weiches Horn besitzt vermutlich einen höheren Wasseranteil und einen niedrigeren Zink-und Schwefelgehalt als hartes Horn. Die Ergänzung des Futters durch 3 g Zinkoxid am Tag hat sich als sehr nutzbringend erwiesen, obwohl Zink-Methionin unter Umständen besser absorbiert und effizienter in die Klaue inkorporiert wird. Durch überhöhte Gaben von Zink oder Schwefel kann Kupfermangel ausgelöst werden.

Die Verabreichung von Biotin als Futterzusatz soll ebenfalls das Auftreten von Lahmheit vermindern und die Heilungsrate bei Sohlengeschwüren verbessern. Biotin kann sicherlich den Zustand der Hufe bei Pferden und der Klauen bei Schweinen verbessern, für die Bedürfnisse der Kuh sollte jedoch das von den Mikroorganismen im Pansen hergestellte Biotin ausreichen. Eine japanische Studie zeigte jedoch, daß ein Zusammenhang zwischen dem Biotingehalt im Blut und der Rinderlahmheit besteht und empfiehlt eine Ergänzung des Futters durch Biotin (34).

Hat die Lederhaut einmal unter einer Attacke von Klauenrehe gelitten, kann sie sich nie mehr vollständig regenerieren. Mikroskopische Veränderungen einschließlich Fibrose, der Verschluß von Blutgefäßen sowie andere Faktoren, die die Funktionen der Lederhaut beeinträchtigen, bleiben häufig bestehen (41). Das ist vermutlich ein Grund dafür, warum Kühe, die einmal eine Klauenrehe überstanden haben, für den Rest ihres Lebens an Klauenbeschwerden leiden. Die Klauen können chronische Fehlbildungen aufweisen (ein gutes Beispiel dafür ist auf Abbildung 27 zu sehen) und müssen regelmäßig geschnitten werden, um ihre korrekte Form sowie die belastbaren Flächen wiederherzustellen. Am Klauenbein können auch langfristige Veränderungen auftreten (58), einschließlich unregelmäßige Vorsprünge (Exostosen), die aus der Unterseite herausragen und die beim Gehen Beschwerden verursachen. Ein typisches Beispiel dafür ist auf Abbildung 93 abgebildet.

# Haltungsfaktoren im Stall

## Liegezeiten

Der Stall hat wesentlichen Einfluß auf die Häufigkeit von Lahmheit, da die Kühe mit relativ langen Stehperioden am schwersten davon betroffen sind. Durch langes Stehen wird auf die Sohle verstärkt Druck ausgeübt, was zu körperlichen traumatischen Schädigungen führt und sich oftmals als Blutung im typischen Sohlengeschwürbereich manifestiert. Außerdem übt Stehen und Bewegungsmangel Streß auf die empfindlichen Durchblutungsmechanismen in der Klaue (siehe Seite 10z aus, so daß es zu Blutansammlungen bzw. -stillstand kommen kann und dadurch die Hornbildung in Mitleidenschaft gezogen wird.

Im Idealfall sollte eine Kuh zwischen 12 und 14 Stunden täglich im Liegen zubringen (16, 31, 33), und um das zu erreichen, müssen die Liegeboxen richtig konzipiert und mit Streu versehen sein.

Auf Tabelle 3 sind die Zeiten angegeben, die Kühe täglich in Boxen liegen, die sich nur in der Liegefläche bzw. der Einstreu unterscheiden. In einem weiteren Versuch (20) mit zwei Herden, die auf die gleiche Weise gehalten wurden und identische Liegeboxen hatten, stellte sich heraus, daß

**Tab.3 Bei diesem Versuch stellte sich heraus, daß Kühe Liegeboxen bevorzugten, die entweder mit einer dicken Schicht aus Häckselstroh oder einer gut gepolsterten Matte ausgelegt waren.**

| Ausstattung des Liegebettes | Tägliche Ruhezeiten der Kühe |
|---|---|
| Bloßer Beton | 7.2 Stunden |
| Isolierte Betonbohlen | 8.1 Stunden |
| Mattenbelag aus Hartgummi | 9.8 Stunden |
| Häckselstroh auf Beton | 14.1 Stunden |
| Polsterschicht | 14.4 Stunden |

die Verwendung von Stroh als Einstreu die Liegezeiten in den Boxen erhöhte und darüberhinaus bewirkte, daß mehr Färsen[1] in der ersten Laktation die Liegeboxen nutzten und der Zeitraum zwischen dem Betreten der Box und der Ruhezeit deutlich verkürzt wurde. In der Herde, die in Boxen mit reichlich Stroh gehalten wurde, war die Häufigkeit von Sohlengeschwüren und Infektionen der weißen Linie wesentlich niedriger.

Für das Wohlbefinden der Tiere ist daher – unabhängig vom Design der Liegebox – das adäquate Liegebett, sei es nun eine Matte, Sägemehl oder reichlich Stroh, ausschlaggebend. Matten sollten möglichst mit Sägemehl oder Stroh bedeckt werden,um sie trocken zu halten und um das Risiko der Entstehung von aufgeschürften bzw. aufgelegenen Gliedmaßen (sowie einer Mastitis) zu verringern. Eine gebrauchte Hartgummiunterlage, die mit der abgenutzten Seite nach unten ausgelegt wird, ist ein kostengünstiger Mattenbelag für die Liegebox und für diesen Zweck völlig ausreichend. Eine Strohunterlage ist natürlich ideal, allerdings verrutscht frisches Stroh oftmals auf dem Betonboden der Liegebox . Man kann dies dadurch verhindern, daß man die Liegebox zuerst mit einer 4-6 cm dicken Schicht aus Strohmist und dann erst mit frischem Stroh auslegt. Diese Schicht wird von den Kühen schnell auf eine Dicke von 1-1,5 cm zusammengedrückt, während sie gleichzeitig antrocknet und am Boden der Liegebox gut haftet. Auf diese Weise dient sie auch als Unterlage für den nächsten, frischen Strohbelag, und die Kuh hat immer einen weichen Untergrund, wenn sie beim Aufstehen ihr gesamtes Gewicht auf die Knie verlagert (siehe Abbildung 131).

Lahmheit tritt verstärkt dann auf, wenn Kühe von Tieflaufställen in Liegeboxenställe verlegt werden. Die Kühe empfinden die Liegeboxen als fremd und unbequem, die Liegezeiten verkürzen sich, Klauenverletzungen mehren sich und das Ergebnis ist Lahmheit.

Einer der schwersten Ausbrüche von Lahmheit (Sohlengeschwür und Erkrankung der weißen Linie), den ich je erlebt habe, stand im Zusammenhang mit einer solchen Situation. Die bislang auf Stroh gehaltenen Tiere wurden in neue Liegeboxenställe verlegt, deren Boden in der vorderen Hälfte waagrecht war und in der hinteren Hälfte abfiel, so daß in der Mitte des Liegebereichs eine kleine Erhebung entstand (Abbildung 130). Diese Liegeboxen waren ganz offensichtlich unbequem und nur sehr wenige Kühe nutzten sie als Liegebett. Viele Kühe blieben stehen, während andere halb in der Liegebox, halb im Mistgang oder sogar vollständig im Mistgang lagen. Nachdem die Böden neu angelegt waren, von der vorderen bis zur hinteren Hälfte mit einem gleichmäßigen Gefälle von ca. 10 cm (siehe Abbildung 130), wurden die Liegeboxen häufiger benutzt und die Lahmheit verschwand letztendlich weitgehend. Diejenigen Kühe, die schwere Geschwüre aufwiesen, erholten sich nie mehr vollständig, und viele von ihnen mußten geschlachtet werden.

## Anlage der Liegeboxen

Sowohl die Größe der Liegebox als auch die Ausführung der Liegeboxentrennbügel wirken sich auf das Wohlbefinden der Kuh aus. Die Boxen sollten mindestens 1,2 m breit und 2,2 m lang sein (32) und am vorderen Ende weitere 1-1,2 m freien Platz aufweisen, damit die Kuh beim Aufstehen ihren Kopf weit genug nach vorne bewegen kann (Kopf-

[1] Färsen werden häufig von den ranghöheren Kühen vertrieben und gehen daher nur sehr ungern in die Laufgänge, die zu den Liegeboxen führen, wenn sie keinen Fluchtweg erkennen. Sie neigen außerdem viel eher zu Sohlengeschwüren, weshalb sie von den Wissenschaftlern als Zielgruppe ausgewählt wurden.

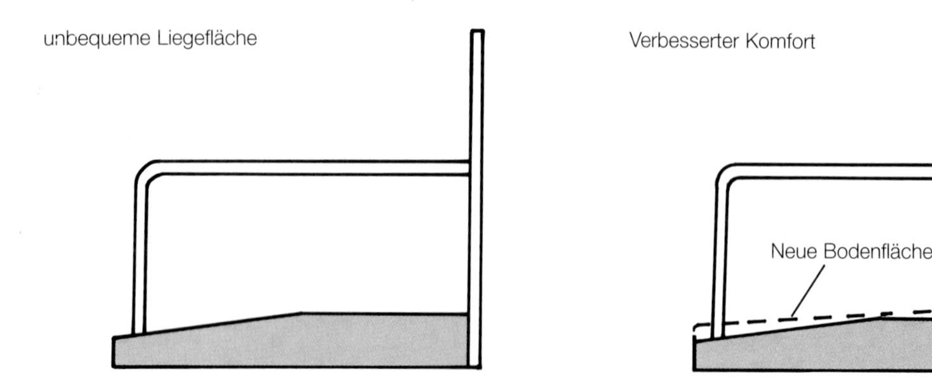


**Abb. 130: Liegeboxen mit einem Gefälle in der Mitte des Bodenbelages bieten wenig Komfort.**

schwung). Auf Abbildung 131 sieht man die Bewegungsabläufe einer Kuh beim Aufstehen und ihren Raumbedarf am Kopfende.

Die Länge spielt wahrscheinlich die wichtigste Rolle und wirkt sich am meisten darauf aus, ob eine Kuh die Box annimmt oder nicht.

Die Liegebox sollte vorne ausreichend Platz bieten, damit die Kuh bei der Regurgitation (Rückschlucken von Bissen aus dem Pansen) den Hals bequem strecken kann (33). Zwingen die seitlichen Trennbügel einer zu kleinen Liegebox die Kuh dazu, mit zur Seite gedrehtem Kopf und Druck auf dem Pansen zu liegen, kann es vorkommen, daß sie – um richtig wiederkäuen zu können – aufstehen muß und sich dabei die Vorderfüße in der Box und die Hinterfüße im Mistgang befinden. Sowohl langes Stehen als auch die ätzende Wirkung der Gülle können zu Klauenbeschwerden führen.

Die Stufe, die zur Liegebox führt, sollte nicht zu hoch sein, da Kühe beim Umwenden und Verlassen der Box nur ungern einen Schritt nach unten gehen. Stufen, die 20 cm oder höher sind, könnten die Kuh dazu bringen, die Box abzulehnen.

Die Breite wird bis zu einem gewissen Grad von der Gestaltung der Liegebox bestimmt. Enge Boxen können teilweise durch Liegeboxen-Trennbügel ausgeglichen werden, die eine Aufteilung des vorhandenen Platzes ermöglichen.

Ich persönlich bevorzuge ein Minimum an Seitentrennbügeln, das auf Abbildung 132 dargestellte Modell »Dutch Comfort« bietet deshalb großen Komfort. Die Standard-Liegebox »Newton Rigg« (Abbildung 133) hat vielleicht einen Nachteil. An ihrem hinteren Teil befinden sich zwei senkrechte Stangen, die der Kuh Beckenverletzungen zufügen können. Die »Newton Rigg« Liegeboxen wurden gut eingestreut. Zusätzlichen Komfort bietet die Verwendung einer gebrauchten Hartgummiunterlage als Matte für die Kuh, was längere Liegezeiten bewirkt (Abbildung 134). Der Mattenbelag muß durchgehend bis an den Rand der Liegebox ausgelegt werden, um Verletzungen am Sprunggelenk zu vermeiden.

Anstelle der unteren Boxenstange (Abbildung 135) kann man ein gespanntes Seil verwenden. Bei diesen Liegeboxen könnten die eckigen Kanten der senkrechten Holzpfosten eine Verletzungsgefahr sein.

Die Angaben für die Standardhöhe (1) betragen 400 mm für die untere bzw. 1050 mm für die obere Stange. Auf Abbildung 136 wurde der Untergrund in den Liegeboxen neu betoniert, so daß sich der Abstand zwischen Boden und Stange verminderte und die Kühe sich an den Sprunggelenken Verletzungen zuzogen. Dies führte zu Schwellungen am Sprunggelenk (Abbildung 137), Abszessen, allgemeinen Beschwerden und einer Abneigung gegenüber den Liegeboxen. Wenn die Liegeboxen-

**Abb. 131: Wenn eine Kuh auf natürliche Weise aufsteht, bewegt sie dabei ihren Vorderkörper bis zu 1 - 1,2 m nach vorne.**

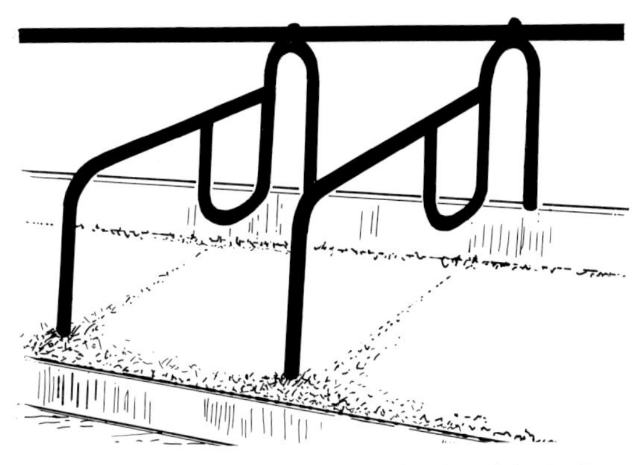

Abb. 132: Liegeboxen wie die »Dutch Comfort« (oben) oder freitragende Modelle mit wenigen Trennbügeln bieten oftmals größeren Komfort.

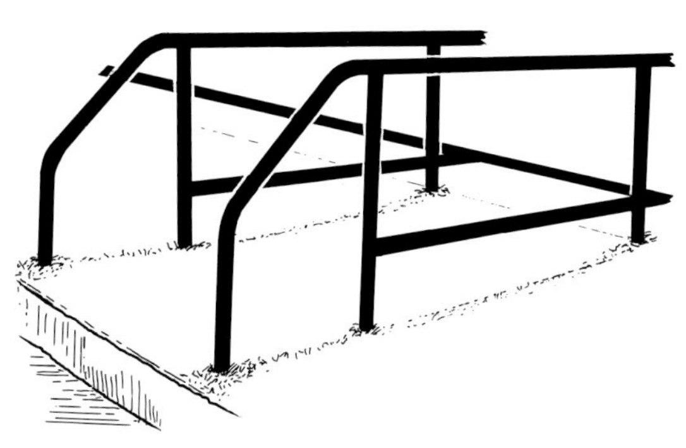

Abb. 133: Eine »Newton Rigg« Liegebox mit Strohunterlage.

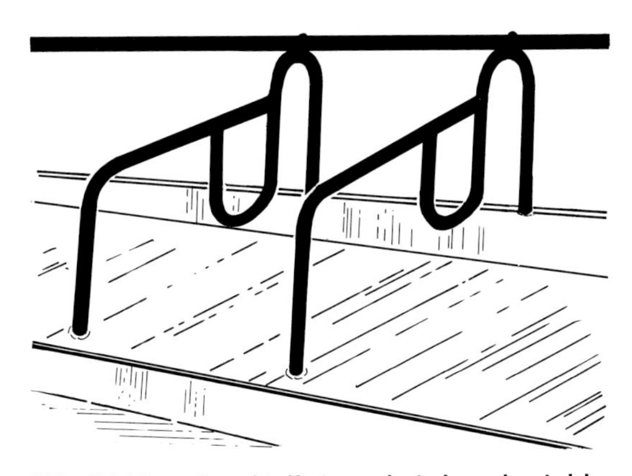

Abb. 134: Eine gebrauchte Hartgummiunterlage eignet sich sehr gut als Matte und erhöht Bequemlichkeit und Liegezeiten.

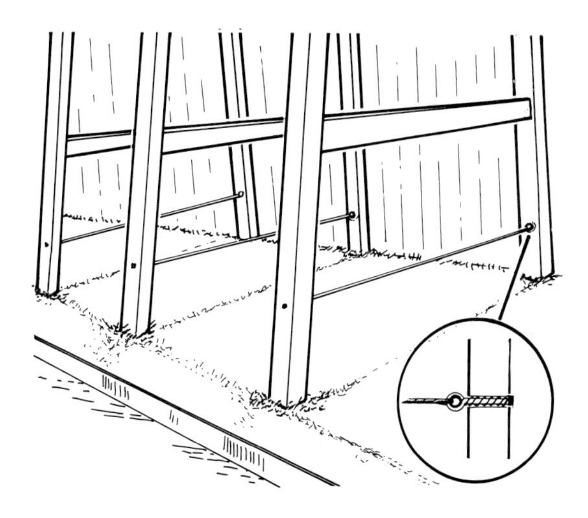

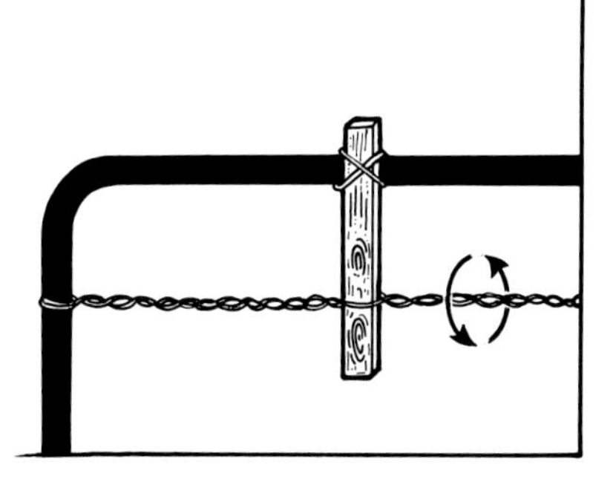

Abb. 135: Die untere Stange der Liegebox kann durch ein gespanntes Seil ersetzt werden. Die untere Darstellung zeigt, wie man ein zweistrangiges Seil spannen kann, indem man ein Stück Holz (siehe Pfeile), das zwischen die beiden Stränge eingeklemmt wurde, um sich selbst dreht. Sobald das Seil gestrafft ist, wird das Holzstück an der oberen Stange der Box angebunden.

trennbügel jedoch unzureichend sind, kann es vorkommen, daß die Kühe versuchen sich unten durchzuzwängen und dabei steckenbleiben. Diesen Versuch unternahm die Kuh auf Abbildung138, die daraufhin ein Hämatom (Bluterguß) auf dem Rücken entwickelte.

Die Anbringung des Nackenriegels ist etwas kritisch. Wird er zu weit vorne angebracht, kann die Kuh im Stehen ihren Dung noch auf den Boden der Liegebox absetzen, wobei das Risiko einer Mastitis erhöht wird. Wird er zu weit hinten oder zu niedrig angebracht, ist die Liegebox so unbequem, daß die Kühe in den Durchgängen liegen und sich das Lahmen dadurch verschlimmert.

Obwohl die meisten Nackenriegel oben an den Liegeboxtrennbügeln angebracht werden, ist dies

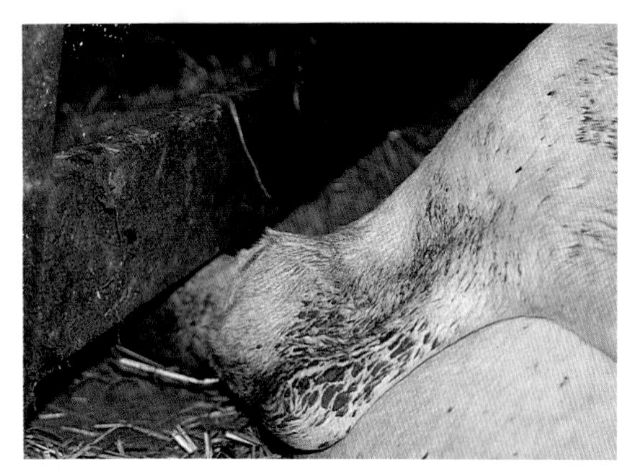

Abb. 136: Die untere Boxenstange ist zu tief angebracht und kann das Sprunggelenk der Kuh verletzen.

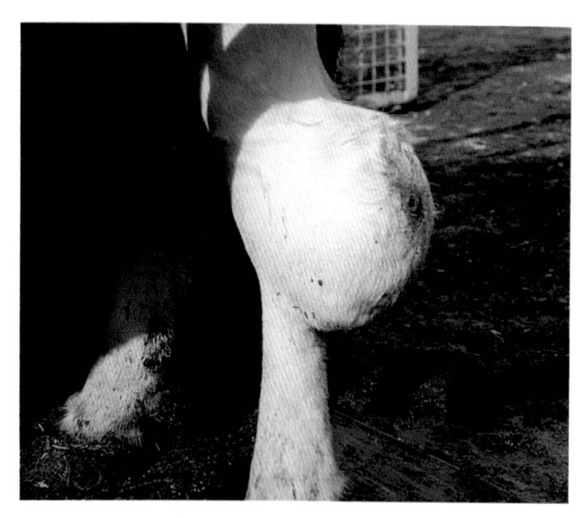

Abb. 137: Schwellung und Abszeß am Sprunggelenk.

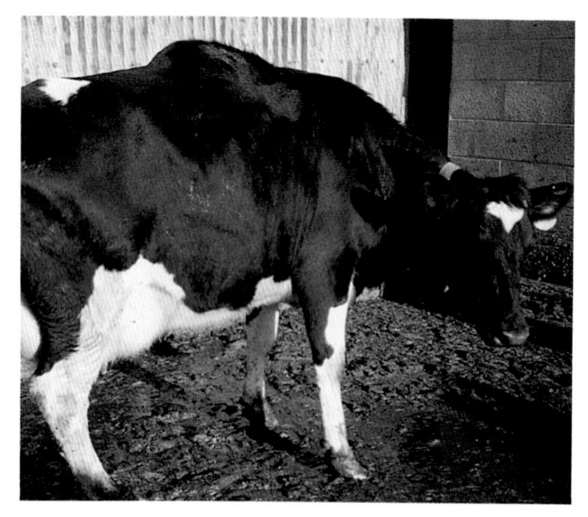

Abb. 138: Ein Hämatom auf dem Rücken dieser Kuh, ausgelöst durch schlechte Konstruktion der Liegebox.

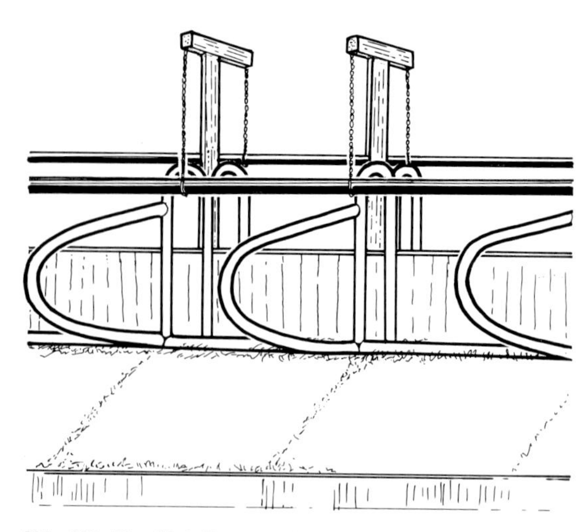

Abb. 139: Eine Metallstange, die 10 - 15 cm unterhalb der Widerristhöhe einer stehenden Kuh angebracht wird, eignet sich besser als die herkömmlichen Nackenbügel, die oftmals oben an den Liegeboxtrennbügeln befestigt werden.

Abb. 140: Zu enge, selbstgefertigte Liegeboxen, die von den Kühen als unbequem empfunden wurden.

nicht die ideale Stelle dafür. Wird der Bügel dagegen 10-15 cm unterhalb des Widerristes der stehenden Kuh plaziert, so wird die Liegebox auch eher angenommen und eine starke Verschmutzung des Bodens wird vermieden. Ein Balken vor dem Bug der Kuh ist ebenfalls sehr nützlich, wenn er richtig plaziert wird (Bugschwelle).

Die engsten Liegeboxen, die ich jemals zu Gesicht bekam, waren in Eigenarbeit, aus schweren Holzbalken gefertigt und in ein bereits vorhandenes Gebäude integriert worden. Die Boxen hatten alle unterschiedliche Größen, einige von ihnen waren nur 910 mm breit (Abbildung 140). Ein Bolzenkopf, der zur Befestigung der unteren Stange diente, ragte in die platzmäßig sehr begrenzte Box hinein. Da die Kühe dauernd dagegenstießen, war der Bolzenkopf schon auf der ganzen Fläche abgenutzt. Der Besitzer gab zu, daß diese Liegeboxen von den Kühen abgelehnt wurden!

Fischgrätenartige Anordnung der Liegeboxen ermöglicht es, bestehende Boxenlaufställe umzubauen, um sowohl in der Breite als auch in der Länge mehr Platz zu schaffen; man braucht an Kotkante und Durchgang keinerlei Veränderungen vorzunehmen.

In einem Versuch (47) wurden die Vorlieben für ein bestimmtes Liegeboxenmodell ermittelt. Man untersuchte, wie lange jede Box benutzt wurde und stellte dabei fest, daß die Modelle »Dutch Comfort« und die verbesserte Ausführung von »Dutch Comfort« den »Newton Rigg«-Modellen weit überlegen waren. Die verschiedenen Modelle sind auf Abbildung 141 zu sehen. Hatte sich die Kuh jedoch für einen bestimmten Liegeboxentyp entschieden, so blieben – unabhängig vom Liegeboxenmodell – die Liegezeiten konstant.

## Gewöhnung der Färsen

Es ist wichtig, Färsen vor dem Abkalben an die Benützung der Liegeboxen zu gewöhnen. Nach der Belastung durch das Kalben müssen sie viele neue Situationen bewältigen – sie müssen sich an ein neues Fütterungssystem und den Melkstand gewöhnen sowie sich einen Platz in der Rangordnung erkämpfen – und stellen dann fest, daß sie keinen bequemen Liegeplatz haben! Wenn man Färsen nicht in Liegeboxen aufziehen kann, sollte man sie im Sommer, wenn die Kühe noch auf der Weide sind, 4-6 Wochen lang im Liegeboxenstall halten. Eine andere Möglichkeit besteht darin, die Färsen 3-4 Wochen vor dem Kalben unter die Herde oder nur unter die trockenstehenden Kühe zu

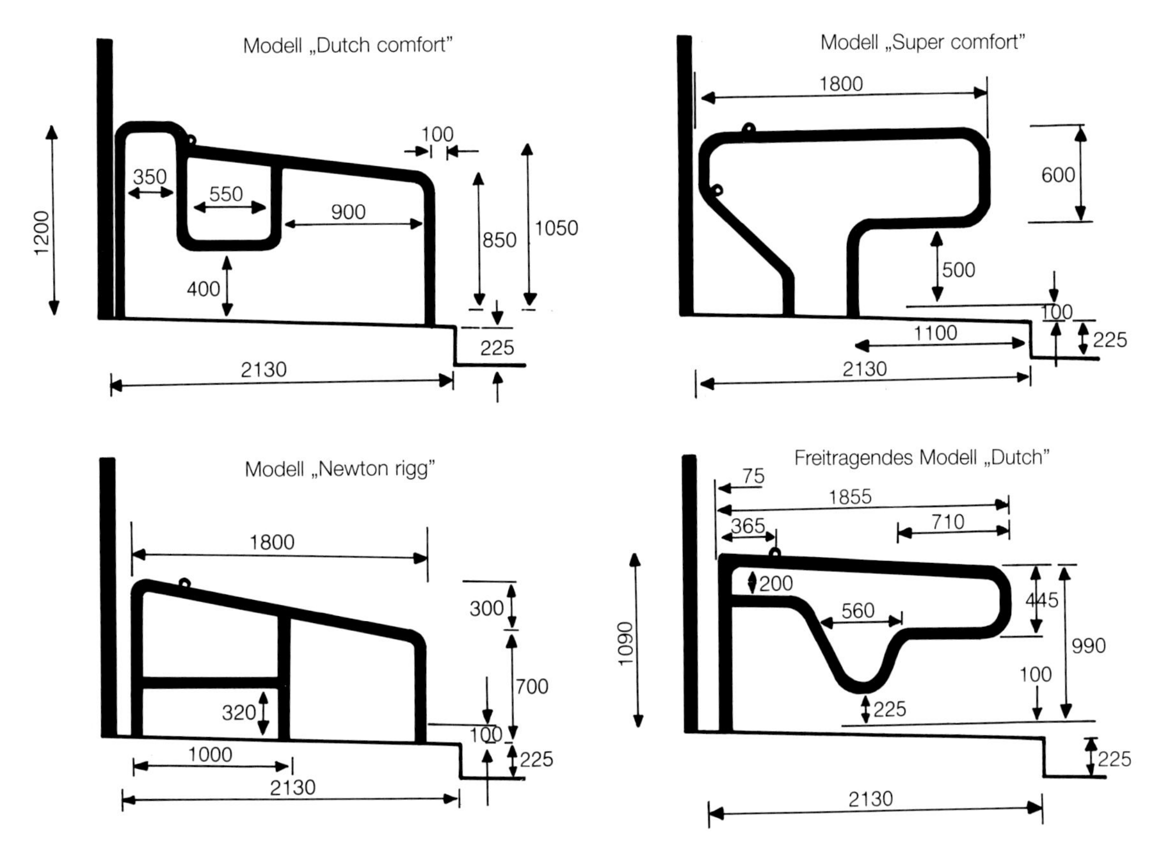


**Abb. 141: Verschiedene Liegeboxen-Modelle mit Maßangaben in mm. (Dr. J. O'Connell, Moorepark)**

mischen. Es ist natürlich ärgerlich, wenn nichtlaktierende Färsen einen Platz im Fischgrätenmelkstand blockieren, aber es ist genauso zeitaufwendig, sich um lahmende Färsen zu kümmern.

## Verhalten der Kühe

Außer einer bequemen Ausstattung der Liegebox, müssen die Kühe ausreichend Gelegenheit zur Bewegung haben. Durch Überfüllung und ungeeignete Laufflächen bekommen die Kühe zu wenig Auslauf, wodurch sich die Durchblutung der Klauen – besonders bei kalten Wetterverhältnissen – verschlechtert. Ein ähnliches Syndrom (die sogenannten »Schützengrabenfüße«) tauchte während des Ersten Weltkrieges bei Soldaten auf, die lange Zeit in schlammigen Schützengräben zubringen mußten.

Für Kühe, die in der Rangordnung einen der unteren Plätze einnehmen, dient die Liegebox sowohl als Ruheplatz als auch als Sicherheitszone, indem durch die seitlich angebrachten Stangen ihr persönlicher Raum vergrößert wird (50). Man ist sich darin einig, daß so viele Liegeboxen vorhanden sein sollten, daß sich alle Kühe gleichzeitig hinlegen können, d.h. zumindest die gleiche Anzahl Liegeboxen wie Kühe (57).

In der Anlage sollten auch sogenannte »Fluchtwege« vorgesehen werden. Enden die Boxendurchgänge als Sackgasse, betreten Färsen sie nur ungern, da sie sich dort den älteren Kühen wie in einer Falle ausgeliefert fühlen, wodurch sich die Liegezeiten verkürzen können. Im Idealfall sollte jeweils nach 12 Liegeboxen ein Fluchtweg kommen. Eine schmale Öffnung, gerade breit genug, daß eine Färse von einem Laufgang in den anderen gelangen kann, reicht völlig aus.

Verkürzte Liegezeiten sind besonders nach dem Kalben sehr kritisch. Werden die Färsen während der ersten Laktation in einer separaten Gruppe gehalten, erzielt man viel bessere Leistungen als bei Färsen, die direkt in die Herde integriert wurden (23). Die Klauenpflege dürfte bei dieser Leistungssteigerung ebenfalls eine Rolle spielen.

Da Tiere normalerweise langsam um eine Ecke gehen, sollten scharfe Wendungen nicht erzwungen werden. An scharfen Ecken oder wenn Tiere (besonders Färsen ) gezwungen werden, abrupte, ausweichende Fluchtbewegungen vor ranghöheren Kühen auszuführen , erfolgt die Drehung wahrscheinlich auf der Klauensohle. Dabei wird die Klauenwand von der Sohle weggedrückt und die weiße Linie verbreitert und geschwächt.

Am besten plaziert man die Futterbehälter weit entfernt voneinander, um den Die gleiche Wirkung tritt ein, wenn unter den Kühen ein Gedränge um die besten Plätze am Futterplatz außerhalb des Melkstandes entstehtWettbewerb zu verringern. Der Bereich um die Futterplätze soll immer sauber und frei von Gärfutterabfall sein. Kühe, die ständig auf Gärfutterabfall stehen müssen, nützen ihre Vorderklauen nicht ausreichend ab. Übermäßiges Klauenwachstum kann die Folge sein.

# Management-Faktoren

Obwohl die Anlage der Stallungen eine wichtige Rolle spielt, kann auch die Art und Weise, wie die Kühe gehalten werden, einen Einfluß auf das Auftreten von Lahmheit haben.

## Nasser Untergrund und Gülle

Ein nasser Untergrund kann schnell zu Huferweichung führen. Wie wir ja alle wissen: Die beste Zeit, um die Zehennägel zu schneiden, ist direkt nach einem Bad! Überfüllte Ställe führen zu verkürzten Liegezeiten (62), besonders wenn die Liegeboxen klein und unbequem sind. Normales Horn hat einen Feuchtigkeitsgehalt von 15 %, dieser kann sich jedoch fast verdoppeln, wenn sich die Klauen ständig auf nassem Untergrund befinden. Dadurch werden die Klauen beträchtlich geschwächt (das Klauenschneiden jedoch erleichtert!).

Sobald sich Harn und ätzende Gülle ansammeln, können Ballennekrose oder digitale Dermatitis (9) verstärkt auftreten, vor allem wenn die Kühe bei hoher Besatzdichte auf engem Raum untergebracht sind. Die Liegeboxendurchgänge sollte zweimal täglich saubergemacht (geschabt) und Gülleansammlungen vermieden werden. Das Ausstreuen von Löschkalk ein- bis zweimal in der Woche in die Liegeboxen dient zur Mastitisprävention und kann zudem die Klauen härten und trockenhalten (12).

## Bodenunebenheiten

Durch schadhaften, löchrigen Beton kann es zu starken Quetschungen der Sohle kommen und in der weißen Linie können sich kleine Steinchen festsetzen. Ein solcher Betonbelag muß ausgebessert werden. Beim Mischen des Betons sollte feines, rundkörniges Material (Sand) verwendet und die Mischung trocken gehalten werden. Feuchte Mischungen nützen sich an der Oberfläche schneller ab und die Körnung wird freigelegt. Man sollte keinen Kies verwenden, da die scharfen Kanten der Sohle Verletzungen zufügen können.

Kühe, die lange Strecken auf harten Kieswegen zurücklegen müssen, sind besonders anfällig für Erkrankungen der weißen Linie und Sohlenpenetrationen. Beide Beschwerden treten erwiesenermaßen häufiger im Sommer auf (53,55). Wenn sie die Möglichkeit dazu haben, suchen sich die Kühe ihre eigenen Wege zur Weide und zurück. Wir alle haben schon einmal ihre Spuren und die von ihnen bevorzugten Wege gesehen; oft verlaufen diese neben der viel härteren Traktorspur (Abbildung 142), die sich in der Wegmitte befindet.

Es hat sich ebenfalls herausgestellt (17), daß Kühe ihre »bevorzugten Wege« nicht mehr benutzen und sich auch keine neuen suchen, sobald sie mit Hilfe eines Traktors oder eines Hundes getrieben werden. In solchen Herden tritt Lahmheit viel häufiger auf. Ein behutsamer Umgang ist daher sehr wichtig, damit die Kühe Bodenunebenheiten umgehen und sich ihren Weg selbst suchen können.Lahmende Kühe gehen normalerweise am Ende der Herde. Werden die Kühe von einem ungeduldigen Viehhirten angetrieben, so werden gerade die Lahmen nach vorne gedrängt und können nicht ihre bevorzugten Wege gehen. Ein solches Verhalten beeinträchtigt ganz offensichtlich auch das Wohlbefinden der Kuh.

## Rinderwege

Entlang der von Traktoren befahrenen Asphalt-und Schotterwege wurden spezielle »Kuhwege« angelegt, von denen einige auf Abbildung 6.. dargestellt sind. Hierfür wird ein 1,0 m breiter und 0,3 m tiefer Graben mit einer Art geotextiler Folie, wie man sie im Straßenbau verwendet, ausgelegt. Am Boden

**Abb. 142: Rinderfährte an einem Weg.**

des Grabens verläuft ein Entwässerungsrohr. Der Graben wird mit Kies aufgefüllt, dessen Beschaffenheit zur Oberfläche hin immer feiner werden sollte. Diese Kiesschicht wird mit einer zweiten, verstärkten geotextilen Folie abgedeckt,deren Ränder mit Erde beschwert werden sollten, damit sie nicht verrutschen kann. Zum Schluß wird die Oberfläche mit einer 50-100 mm dicken Schicht aus Rindenschrot ausgelegt. Mit Hilfe des Entwässerungsrohres kann der Graben immer sauber und in gutem Zustand gehalten werden. Obwohl der Weg nur 1 m breit ist und die Kühe dort nur hintereinander gehen können, bietet er für die Tiere doch so viele Vorteile, daß sie ihre Wegstrecke in viel kürzerer Zeit zurücklegen, als wenn drei oder vier von ihnen nebeneinander auf einem unbequemen Schotterweg gehen. Auf diese Weise wird das Risiko von Sohlenverletzungen verringert, was besonders den Kühen zugute kommt, die frisch gekalbt haben.

## Zu viel Auslauf

Während übermäßiges Stehen zu einer verringerten Durchblutung und Schädigungen der Klaue führt, kann zu viel Bewegung eine starke Abnutzung der Sohlen nach sich ziehen, so daß diese erweichen und leicht gequetscht werden können. Dieses Syndrom einer Sohlenerweichung ist eine häufige Ursache für Lahmheit bei Färsen und auch bei jungen Bullen, die in eine Milchkuhherde mit Liegeboxenhaltung integriert werden sollen. Starke Belastung, welche eine extreme Abnutzung der Hinterklauen zur Folge hat, sowie Verweigern der Liegeboxen (aufgrund ihrer Größe), sind oftmals die Ursache für Lahmheit bei Bullen.

Wenn man die Klauen anhebt erkennt man, daß die Sohle so abgenutzt und weich ist, daß sie leicht mit dem Daumen eingedrückt werden kann. Bisweilen liegt auch eine Infektion der weißen Linie vor, vor allen Dingen im Zehenbereich. Im Idealfall sollte man Bullen, die in Milchkuhherden mit Liegeboxenhaltung verwendet werden, mindestens alle drei Wochen einmal in einem eingestreuten Laufstall oder einer Laufbucht unterbringen. Wenn sich bei der Untersuchung der Klauen von Erstlingskühen die Sohle mit dem Daumen eindrücken läßt, sollte man sie ebenfalls 2- 4 Wochen lang in einem Strohlaufstall unterbringen. Wenn man dies versäumt, können – zusätzlich zu einer Beeinträchtigung des Wohlbefindens – Sohlengeschwüre und Sohlenpenetrationen die Folge sein.

Es ist jedoch genauso möglich, die Klauen zu wenig abzunutzen. Die Klauen von Färsen, die auf Stroh oder in Sandausläufen aufgezogen und gehalten wurden, nutzen sich nicht genügend ab. Dies führt zu übermäßigem Wachstum der Zehen, das eine Rückwärtsdrehung der Klaue und des Klauenbeins bewirkt und damit zu Schmerzen, mangelndem Wohlbefinden und Empfänglichkeit gegenüber Sohlengeschwüren (siehe Seiten 10 bis 12z).

Solche Tiere sollten am Futterplatz auf einem Streifen sauberen Betons stehen, der breit genug ist, daß bei der Futteraufnahme alle vier Klauen Platz darauf finden. Dadurch wird eine normale Abnutzung der Klauen gewährleistet. Stellt man an den Klauen der Vorderfüße übermäßiges Wachstum fest, so sorgt ein dünner Sandbelag auf dem Beton für eine bessere Abnutzung. Dasselbe gilt natürlich auch für Milchkühe.

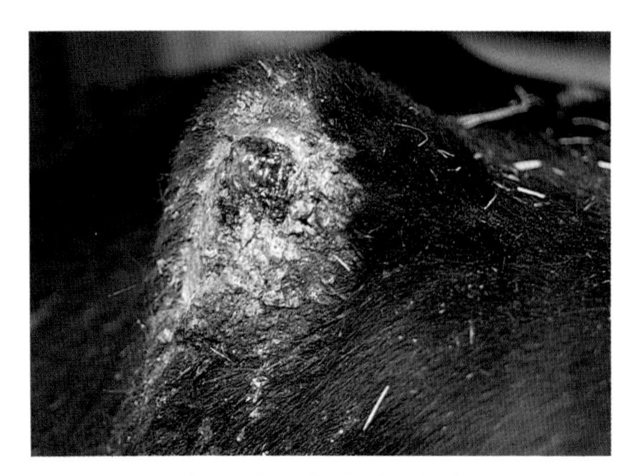

**Abb. 143: Ausfluß aus einem Beckenknochenbruch, der durch eine beschädigte Liegebox verursacht wurde.**

Stehen die Kühe am Futterplatz ständig in Gärfutterabfall, kann dies zu übermäßigem Wachstum an den Vorderklauen führen. Man kann die Klauen in gutem Zustand halten, indem man diesen Bereich stets sauberhält und dort einmal wöchentlich etwas Sand ausstreut. Ich denke, das wird jedem entgegenkommen, der schon einmal Klauen der Vorderfüße schneiden mußte.

## Trockenstehende Kühe

Während der Trockenstehperiode (44) sollte man die Kühe nicht auf Beton, sondern, wenn irgend möglich, auf der Weide halten. Beim Gehen durch das Gras werden die Klauen gereinigt und das Ballenhorn kann sich neu bilden, so daß die Auswirkungen von Ballennekrose gedämpft werden. Außerdem hat die Kuh ausreichend Gelegenheit, sich hinzulegen. Sie hat einen bequemen Liegeplatz und muß in der Trockenstehperiode nicht lange Zeit mit Stehen und Fressen zubringen. Dadurch verbessert sich nicht nur der Zustand der Klauen, sondern die traumatischen Verletzungen an Karpalgelenken, Sprunggelenken und Becken (siehe Abbildungen 137 und 143) haben ebenfalls Gelegenheit, sich zu regenerieren. Wenn es im Winter nicht möglich ist, trockenstehende Kühe auf der Weide zu halten, sollte man sie zumindest in Laufställen mit Stroh halten. Die Liegeboxen sind schon an sich unbequem und erst recht für schwere, tragende Kühe.

## Toxische und sonstige Faktoren

Jede akute toxische Erkrankung kann – je nach Schweregrad – zu einer Verlangsamung bzw. sogar zeitweiligen Einstellung der Hornbildung führen. In einem vorangegangenen Kapitel wurde beschrieben, daß dies Veränderungen an der Klauenwand zur Folge haben kann, die von Rillen (Abbildung 118) bis hin zu vollständigen, horizontalen Rissen (Abbildung 116) reichen. Die Krankheitsbeispiele umfassen hochakute Mastitis, akute toxische Metritis, Photosensibilisierung sowie Maul-und Klauenseuche.

## Veränderungen in der Abkalbezeit

Es wurde schon häufiger ein Zusammenhang zwischen Kalben und der Entstehung von Sohlenhämorrhagien und anderen Ursachen für Klauenrehe (27, 40, 46) festgestellt. Auch Lahmheit tritt im allgemeinen während der ersten paar Monate nach dem Kalben viel häufiger auf (54). Die genaue Ursache dafür ist bisher nicht bekannt, doch zeigen die Ringe auf den Hörnern einer Kuh, daß in der Abkalbezeit die Hornbildung unterbrochen ist. Bei der auf Abbildung 144 dargestellten Kuh ist dies deutlich zu sehen. Obwohl sie bereits 13 Jahre alt ist, hat sie nur sechs Kälber geboren, was an den sechs Ringen an ihren Hörnern zu erkennen ist. Auf den Hörnern eines Stieres wird man vergeblich nach Ringen suchen (den Fall ausgenommen, daß er eine schwere Krankheit hinter sich hat). Diese Unterbrechung bei der Hornbildung tritt auch an den Klauen auf, was darauf hindeutet, daß die Lederhaut in der Abkalbezeit sehr empfindlich und anfällig für Verletzungen ist. Doch gerade in dieser Zeit ist die Kuh vielen anderen Belastungen ausgesetzt . So wird sie z.B. auf eine »Azidose-fördernde« Ration umgestellt oder an eine neue Liegebox gewöhnt (die vielleicht unbequem ist). Die beiden letzten Faktoren sind schon an sich häufig die Ursache für Klauenprobleme. Immer mehr Landwirte versuchen, die Belastungen auf ein Minimum zu reduzieren, indem sie Färsen die ersten 4-6 Wochen nach dem Kalben in Strohställen halten. Sie sind sich darüber einig, daß dies folgendes bewirkt:

- Die Häufigkeit von Lahmheit wird reduziert, da sich die Liegezeiten erhöhen und somit eine geringere Verletzungsgefahr für die empfindliche Lederhaut besteht.
- Es werden höhere Leistungen erzielt, weil sich die Färsen wohlfühlen.
- Die Färsen nehmen ihre Liegebox viel schneller an, sobald man sie dorthin verlegt. Eine Tatsache, die vielleicht am meisten überrascht, aber auch die Annahme bestärkt, daß das Kalben ein äußerst belastender Faktor ist.

Der Grund für die Unterbrechung der Hornbildung während der Abkalbezeit ist bisher unbekannt. Während der Geburt steigt der Gehalt an Haptoglobulinen und anderen Proteinen des akuten Stadiums (die eine Entzündung anzeigen) im Blut an, und tatsächlich wird der Geburtsvorgang durch das intrauterine Freisetzen von Kortison durch das Kalb eingeleitet. Vielleicht ist dies die Ursache, da man bei Pferden durch die Verabreichung von Kortison Hufrehe erzeugen kann. Eine andere Theorie macht den Beginn der Laktation und nicht das Kalben dafür verantwortlich. Schwefelhaltige Aminosäuren sind sowohl für die Bildung von Keratin (siehe Seite 5 z ) als auch zur Milchproduktion notwendig. Das plötzliche Einsetzen der Milchproduktion, die die gesamten, zur Hornbildung erforderlichen Schwefel-Aminosäuren entzieht, könnte für die vorübergehende Unterbrechung in der Hornbildung verantwortlich sein. In der Abkalbezeit kommt es ebenfalls zu einem Absinken des Serumproteingehalts. Dies führt zu Ödemen (Flüssigkeitsansammlungen) unter der Haut von Euter und Bauch. Vielleicht findet ja innerhalb der Klaue ähnliches statt, wenn es – wie auf Seite 15 beschrieben – aufgrund von Blutstauungen zu Anoxie (Sauerstoffmangel) und verringerter Hornbildung kommt. Kurz nach dem Kalben treten auch Mastitis und andere, bereits erwähnte Probleme aufgrund toxischer Faktoren auf.

Umstellungen bei der Haltung bzw. Fütterung sind schon an sich von großer Bedeutung. So wurden z.B. versuchsweise 10 Jungochsen zusammen mit 10 trächtigen, gleichaltrigen Färsen im gleichen Stall gehalten und gefüttert. Als die Färsen dann kalbten, verlegt und auf eine Leistungsration gesetzt wurden, folgten die Stiere deren Beispiel (doch hatten ja offensichtlich nur die Färsen gekalbt!). In der Abkalbezeit zeigten sich sowohl bei den Stieren als auch bei den Färsen Sohlenhämorrhagien, obwohl die Färsen davon schwerer betroffen waren. Dies zeigt, daß neben dem Kalben auch Fütterung und Haltung eine bedeutende Rolle spielen.

## Wiederholtes Trauma

Wiederholtes Auftreten von Klauenerkrankungen spielen eine wichtige Rolle. Bei Erstlingskühen verschwinden Sohlenhämorrhagien recht schnell wieder, doch die in der Klaue verbleibenden Narben und anderen mikroskopischen Gewebsveränderungen bewirken, daß sie viel langsamer abheilen, wenn Laminitis beim zweiten oder späteren Kalben wieder auftritt. Bei Kühen bleiben z.B. Sohlenhämorrhagien nach dem Kalben noch über einen recht langen Zeitraum hinweg (2-3 Monate) bestehen, während Erstlingskühe sich bis dahin häufig schon erholt haben (27).

## Zucht

Die Genetik beeinflußt Temperament und Körperform und spielt hierdurch eine wesentliche Rolle bei der Entstehung von Laminitis. Bei nervösen Tieren ist es wahrscheinlicher, daß sie abrupte Fluchtbewegungen ausführen, wodurch die Klauenwand von der Sohle abgerissen und die weiße Linie geschwächt wird.

Sehr schwere Rassen sowie Tiere mit steilen Sprunggelenken, weichen Fesseln, Krongelenken, die beinahe den Boden berühren, verdrehter Stellung der Vordergliedmaßen und spitzem Winkel der Klauenvorderwand scheinen für Lahmheit anfälliger zu sein.

Da die vererbte charakteristische Form der Klauen und Gliedmaßen erwiesenermaßen eine große Rolle bei der Häufigkeit von Lahmheit spielt (44), sollte man die Bullen sehr sorgfältig auswählen. Vorschläge über Klauenmaße enthält Seite 20z und Abbildung 32 . Die Heritabilität der Beinstellung dürfte niedriger sein als die der Klauenform. Man nimmt an, daß viele charakteristische Eigenschaften der Gliedmaßen das **Resultat** von Klauenbeschwerden sind und nicht deren Ursache. Wenn z.B. Kühe beim Gehen die Füße nach außen bewegen, tun sie dies wahrscheinlich, weil die Klauen übermäßig gewachsen sind.Übermäßig steile oder säbelbeinige Sprunggelenke können jedoch zu Lahmheit führen. Ein Sprunggelenkswinkel von 100-150 Grad scheint ideal zu sein (44).

## Klauenbäder

Die Anwendung von Klauenbädern ist eine ausgezeichnete Maßnahme bei der Prävention von Lahmheit. Während der Wintermonate sollte man die Kühe ein-bis zweimal wöchentlich durch ein Klauenbad führen, obwohl einige Wissenschaftler (44) für eine tägliche Anwendung plädieren.

Für routinemäßige Klauenbäder verwendet man Lösungen aus 5% Formalin und 2,5 % Kupfer -und Zinksulfat. Formalin wirkt auf verschiedene Art und Weise:

- Es entzieht der Klaue Wasser und macht sie dadurch härter.
- Es desinfiziert den Ballen, so daß Ballennekrose vermindert auftritt, und verhindert eine Destabilisierung der Klauen als Folge eines absinkenden Ballens (niedrige Trachten).
- Es desinfiziert den Klauenspalt, kann somit Fäulnis vorbeugen und vermindert möglicherweise das Auftreten von Zwischenklauenschwielen (d.h. Hauthyperplasie – siehe Seite 49z).

Die Wirksamkeit von Formalin (und vieler anderer Desinfektionsmittel) ist temperaturabhängig, d.h. ein warmes Bad (15° C) ist am wirksamsten (44).

Außerdem sind Klauenbäder viel effektiver, wenn die Kühe saubere Klauen haben und beim Verlassen des Bades auf einen gereinigten Betonboden treten. Oft werden auch zwei Bäder verwendet (Abbildung 145), die durch eine Erhöhung aus Beton voneinander getrennt sind. Das erste Bad enthält Wasser zur Reinigung der Klauen, die auf dem Betonstreifen leicht trocknen können, bevor das Bad mit dem Desinfektionsmittel betreten wird.

Das Klauenbad sollte nicht zu voll sein – die Flüssigkeit sollte gerade die Klauen bedecken. Ich kenne Fälle, in denen übermäßig viel Formalin in konzentrierter Form verwendet wurde, so daß einige Spritzer davon Verbrennungen am Krongelenk, Euter und an den Zitzen hervorriefen.

Zur Behandlung von digitaler Dermatitis wird ein spezielles, antibiotisches Klauenbad verwendet (Seite 54).

## Klauenpflege

Es ist bestimmt angemessen, am Schluß dieses Buches noch einmal die Bedeutung des Klauenschneidens bei der Bekämpfung von Lahmheit hervorzuheben. Obwohl sich regelmäßiges Schneiden als sehr nutzbringend herausgestellt hat, so gibt es

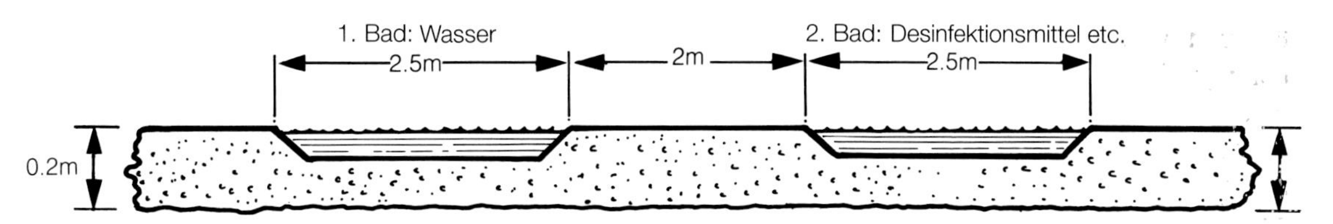


**Abb.144: Zweifaches Klauenbad: das erste dient zur Entfernung von Schmutz und Fremdkörpern, das zweite enthält Desinfektionsmittel etc.**

doch erstaunlich wenige objektive Studien, die dies bestätigen .

In einer Studie wurde die Fortbewegung der Kühe wöchentlich nach einem Punktebewertungssystem beurteilt. Kühe mit der Punktzahl 1 bewegten sich normal, Tiere mit der Punktzahl 5 waren akut lahm. Es stellte sich heraus, daß Kühe mit geschnittenen Klauen viel besser gehen konnten (d.h. sie erreichten eine niedrigere Punktzahl in dem Bewertungssystem) und viel seltener lahmten als eine gleichwertige Gruppe von Kühen mit nicht geschnittenen Klauen, die aus der gleichen Herde stammte. Die Ergebnisse sind auf Tabelle 4 (44) zusammengefaßt. Kühe mit stumpf gewinkelten Klauen (d.h. einem größeren Dorsalwand-Winkel) und einer kürzeren Dorsalwand konnten besser gehen und lahmten viel seltener.

Bei der Untersuchung von fast 2000 Klauen von Milchkühen in Somerset (18) fand man heraus, daß 75% aller Klauen übermäßiges Wachstum oder Deformationen aufwiesen, wobei der Hauptfaktor die ungleiche Größe der Klauen war.

In Zukunft wird die Klauenpflege bei Rindern eine bedeutende Rolle bei der Haltung von Milchkühen spielen. Leider bleibt regelmäßige Klauenpflege weiterhin die Ausnahme in der täglichen Routinearbeit der Landwirte.

Lahmheit und übermäßiges Wachstum der Klauen stellen ein großes wirtschaftliches Problem dar, das sich auf das Wohlbefinden der Milchkühe stark auswirkt. Ziel dieses Buches ist es, dem Leser ein grundlegendes Verständnis über die Struktur der Klaue, übermäßiges Wachstum der Klaue und der Klauenpflege zu vermitteln. Die häufigsten Klauenerkrankungen werden detailliert beschrieben und die zahlreichen Faktoren, die zum häufigen Auftreten von Lahmheit beitragen, werden diskutiert. Sie stellen somit die ideale Ausgangsbasis für die Vorbeugung von Lahmheit dar. Das Buch ist mit genauen Zeichnungen und Farbfotos ausgestattet. Zusammen mit Roger Blowey's Video »Footcare in Cattle« stellt es für den Landwirt eine große Hilfe dar,dieses kostspielige Problem in den Griff zu bekommen.

**Tab.4 Die Auswirkungen der Klauenpflege auf das Lahmen. Kühe mit geschnittenen Klauen konnten besser gehen, lahmten viel seltener und hatten weniger Sohlenbeschwerden (44).**

| | Klauenpflege | Ohne Klauenpflege | Differenz |
|---|---|---|---|
| Bewertung der Fortbewegung nach Punkten | 1.52 | 1.83 | ** |
| Anzahl der lahmenden Kühe | 10 | 15 | NS |
| Fälle von klinischer Lahmheit | 23 | 54 | *** |
| Dauer der klin. Lahmheit in Wochen | 2.30 | 3.43 | *** |
| Sohlenbeschwerden | 17 | 45 | *** |

+ Höhere Punktzahl bedeutet stärkeres Lahmen
** $p<0.01$; *** $p<0.001$; NS $>0.05$

# Verwendete und weiterführende Literatur

Blowey, R.W. (1988): A Veterinary Book for Dairy Farmers. Farming Press Books, Ipswich.

Blowey, R.W. & Weaver, A.D. (1991): A Colour Atlas of Diseases and Disorders of Cattle. Wolfe Publications, London.

Brunsch, R., Kaufmann, O. und T.Lüpfert (1996): Rinderhaltung in Laufställen. Verlag Eugen Ulmer, Stuttgart-Hohenheim.

Clemente, C.H.(1995): Klauenpflege beim Rind. Verlagsunion Agrar, Münster-Hiltrup.

Drew.B. (1990): Bovine medicine. Blackwell Scientific Publications, Oxford.

Fluch, E. (1993): Klauenpflege und Enthornung. Leopold Stocker Verlag, Graz.

Greenough, P.R., MacCallum, F.J. & Weaver, A.D. (1981): Lameness in Cattle. Bristol Scientechnica.

Phillips, C.J.C. (1993): Cattle Behaviour. Farming Press Books, Ipswich.

Rosenberger, G. (1994): Krankheiten des Rindes. Blackwell, Berlin.

Touissant Raven, E. (1985): Cattle Footcare and Claw Trimming. Farming Press Books, Ipswich.

Tranter, W.P. (1992): The Epidemiology and Control of Lameness in Pasture-fed Dairy Cattle, a thesis presented to Massey Universitiy, New Zealand.

Weaver, A.D. (1986): Bovine Surgery and Lameness. Blackwell Scientific Publications, Oxford.

# Register

abaxiale Wand, 10
Abszeß, 45 47, 48, 52, 53, 63, 67, 74, 76
Abszeßbildung, 25
ad-libitum-Fütterung, 72
Afterklaue, 10
Alter, 28
Anbindemethoden, 37
Anbinden der Kuh, 37
Anlage der Liegeboxen, 73
arteriovenöse Anastomosen, 68
arteriovenösen Shunts, 16
Aufweichmittel, 60
ausgeschuhter Klauenschuh, 18
Auslauf, 79
Ausrüstung, 35
Außenklaue, 9 10, 27
Axialansicht der Klaue, 26
axiale Wand, 10
Azidose, 69
Bacteroides melaninogenicus, 56
Bakterielle Endotoxine, 68
Ballen, 11, 14, 15
Ballenfäule, 60
Ballenhorn, 43
Ballenhornfäule, 42, 61
Ballennekrose, 57, 78, 80
Ballenpolster, 16, 18
Basalmembran, 11
Bauchgurt, 37
Behandlungsmethoden, 45
Belastungslinie, 25
Beugesehne, 18
Bewegungsmangel, 72
Bicarbonat, 67
Biotin, 72
Bodenunebenheiten, 79
Coriitis, 20, 21, 34
Coriosis, 21, 25
Corium, 10, 16
CP-crude protein, 69
Dermatitis digitalis, 57
Dermatophilus, 60
digitale Dermatitis, 8, 58, 78, 82
digitale Dermatitisläsion, 58
Dorsalwand, 10, 29
Dorsalwandkantenlänge, 28
Druckstelle, 18
Dutch Comfort, 74, 75
Eisen, 52
elektrische Schleif-und Schneidewerkzeuge, 37
Epidermis, 16
Erblichkeit, 28
Exostosen, 32, 53, 72
Extensorsehne, 18
Färse, 21, 25, 52
Fertilität, 69
fibroelastisches Gewebe, 18
Fibrom, 54
Fischgrätenmelkstand, 59
Fissuren, 61
flat-rate-feding, 69
Flexorsehne, 18
Fluchtwege, 78
Fluorvergiftung, 62
Fraktur des Klauenbeins, 62
Friese, 27
Fusobacterium necrophorum, 56
Fuß, 10
Futterfett, 69
Futtermege, 69
Fütterung, 70
Fütterungszeit, 69
Gärfutter, 67
Gefäßschädigungen, 22
Gewichtsverteilung, 26
Granulationsgewebe, 49, 52, 61
Grobfutter, 22
Grundfutter, 68, 69
Gülle, 78
Gülleballen, 57
Gummiblöcke, 66
Haltungsfaktoren, 72
Hämatom, 75, 76
Hämorrhagie, 17, 18, 22, 25, 33, 34, 52, 53, 68
hämorrhagischer Bereich, 52
Haptoglobulinen, 81

Hards-hip lines, 24
hardship line, 62
Häufgkeit von Lahmheit, 8
Heritabilität, 28, 82
Histamin, 68
Holzblöcke, 63
horizontaler Riß, 22, 61, 68
Hornabtrennung, 68
Hornbildung, 20
Hornproduktion, 16, 62
Hornschicht, 11
Horntubuli, 12, 13, 15, 20
Hufinnenwand, 14
Hufpigmentierung, 48
Hufverbände, 63
Hyperplasia interdigitalis, 54
Hyperplasie, 55
Infektion des Schleimbeutels, Sesambeins, Klauengeleknks
Innenklaue, 10, 27, 33
inredigitale Infektion, 55
interdigitale Dermatitis, 42, 55, 57, 58
interdigitale Hauthyperplasie, 42
interdigitale Hyperplasie, 58
interdigitale Nekrobazillosis, 56
interdigitaler Zwischenraum, 55
interdigitales Fibrom, 42
interdigitales Granulom, 54
invasive Treponema-Spirochäte, 58
Kalbung, 33
Kalbzeitpunkt, 34
Keimschicht, 11, 20
Keratin, 12, 15
Keratinisation, 21
Keratinisierungsprozess, 15
Kipptisch, 37
Klaue, 11, 12, 13, 16
Klauenaußenwand, 16, 17
Klauenbad, 82
Klauenbein, 10, 12, 13, 16
Klauenerkrankungen, 45
Klauengelenk, 19
Klauengröße, 33
Klauenhorn, 44
Klauenhornschuh, 11, 13, 40, 42
Klauenlederhautentzündung, 8
Klauenpflege, 35, 82
Klauenrehe, 20, 21, 22, 24, 25, 44, 81
Klauenscherungsmethode, 37
Klauenschneiden, 35
Klauenschutz, 10
Klauenspitze, 14, 19
Klauenspitzenhorn, 37
Klauenwachstum, 12
Klauenwand, 11, 12, 13, 15
Knochen, 11, 16
Kolimastitis, 22, 62
Kondition, 70
konkav, 27
konkave Vertiefung, 25
Kontusionen, 32
konvexe Verformumg, 24
Konzentratfütterung, 69
Kopfschwung, 73/74
Körnerzellenschicht, 11
Kosten, 8
Kraftfutter, 68, 69
Krongelenk, 19
Kronrand, 12, 25, 29, 49
Kupfersulfatverband, 52
Lahmen,19, 43, 44
Lahmheit, 8, 9, 22, 47, 49, 53, 57, 67, 70, 72, 78, 79, 81, 82
Lahmheitsanzeichen, 8
Lamellen, 13, 14, 15, 17, 20
Laminitis, 20, 21, 22, 24, 29
Läsion,36, 50, 58, 66
laterale Klaue, 10, 27, 29
Lederhaut, 10, 11, 16
Lendengriff, 70
Liegeboxentrennbügel, 73
Liegezeiten, 72
Limax, 54
Lincospectin, 59
Mastitis, 44, 62, 68, 75, 80
Mastitisprävention, 78
Maul-und Klauenseuche, 81
mediale Klaue, 10, 33
metabolische Azidose, 68
Metritis, 62, 68
Milchsäureinjektion, 68
modifizierte Dermis, 16
modifizierte Epidermis, 16
Mortellaro-Krankheit, 57
Nahrungsumstellung, 69
Nasser Untergrund, 78
Newton Rigg, 74, 75
Ödeme, 33, 68, 81

onychogene Substanz, 53
optimale Gewichtsverteilung, 26
Oxytetrazyklin, 59
Panaritium,8, 55, 56
Pansen-pH-Wert, 67
Pansenazidose, 67, 68
Pantoffelklaue, 29
Papillen, 12, 15, 16
Papillenschicht, 16
Penetration der Sohle, 49
Penetrationsinfektion, 53
Perioplum, 11
Perioplums, 61
Periost, 16
Phlegmona interdigitalis, 56
Photosensibilisierung, 81
Plattenepithelzellen, 20, 21, 22
Primärläsion, 52
Prolaps, 58
Puffersubstanz, 67
Quetschung, 42
Rasse, 28
Rauhfutter, 68
Regurgitation, 68, 74
Rinderwege, 79
rohfaserarme Ernährung, 69
rohfaserhaltiges Trockenfutter, 67
Rohprotein, 69, 70
Stoffwechselveränderungen, 34
Saumepidermis, 11
Saumhornschicht, 15
Scherenklaue, 29
Schlammfieber, 59
Schleimbeutel, 19
Schutzgrabenfüße, 78
Schutzschuhe, 66
Schwanzschlagen, 68
Schwarzbunte, 27
Schwefel, 72
Sehnen, 18
Sekundärazidose, 69
Sekundärinfektion, 55
Sesambein, 10, 12, 19
Silage, 68
Sohle, 11, 13
Sohlengeschwür, 17, 19, 22, 25, 30, 31, 32, 33, 50, 53, 67, 68, 72, 80
Sohlenhämorrhagien, 70, 81
Sohlenhorn, 25
Sohlenlederhaut, 25
Sohlenoberfläche, 18
Stachelzellenschicht, 11
Stallklaue, 24, 29
Strecksehne, 18
Subklinisches Laminitis Syndrom (SLS), 34, 53
Technik des Klauenschneidens, 39
Thrombose, 68
Tierschutzproblem, 8
Toxikämie, 62
Toxische Faktoren, 80
toxische Metritis, 81
Trachten, 29
Trachtenhöhe, 24
Trachtenwand, 10, 29
Trauma, 81
Trockenstehende Kühe, 80
Tylom, 54
übermäßiges Hornwachstum, 20, 26
übermäßiges Klauenwachstum, 25, 29
übermäßiges Sohlenhornwachstum, 31
übermäßiges Sohlenwachstum, 33
übermäßiges Zehenwachstum, 29
Ursachen von Lahmheit, 67
Vaginalreizung, 68
vaskuläre Schädigung, 22
Verhalten, 78
Verhältnis Kraft-/Grundfutter, 67
Verhornung, 21
Vermeidung von Lahmheit, 67
Vernachlässigung, 47
Vertikale Risse, 61
Vorderwand, 10
Wand, 11
Winde, 38
Zehen, 10
Zehenendorgan, 10
Zeitpunkt für dir Klauenpflege, 44
Zink, 72
Zitzendesinfektionsmittel, 60
Zucht, 82
zweischneidiges Klauenmesser, 35
Zwischenklauenspalt, 10
Zwischenklauenwulst, 54
Zwischenröhrchenhorn, 12
Zwischenröhrchenmatrix, 13
“Pepper” Fußseil, 39

# Vertiefen Sie das Thema.

Neue Verfahren und Bauten können dazu beitragen, Leistung und Gesundheit der Rinder zu fördern und Investitionen und Betriebskosten zu senken. Dieses Buch bietet erprobte Verfahren und bauliche Lösungen für die Rinderhaltung in Laufställen an. Die Aspekte der Planung und des Managements werden dabei an praktischen Beispielen veranschaulicht. In Laufställen können die Teilbereiche eines Stalles funktionsgerecht gestaltet werden. Dadurch ist es möglich, auch größere Bestände vorteilhaft zu bewirtschaften.

***Rinderhaltung in Laufställen.*** *Dr. R. Brunsch. 1996. 132 S., 9 Farbf., 102 sw-Fotos u. Zeichn., 43 Tab. ISBN 3-8001-4533-2.*

Das Fachbuch behandelt neben den Voraussetzungen für eine erfolgreiche Fleischrinderhaltung auch die Wahl geeigneter Rassen sowie den Aufbau von Zucht- und Gebrauchsherden. Neben Fragen der Züchtung und Produktionstechnik wird ebenfalls auf die bestehenden Absatzmöglichkeiten sowie auf die Chancen der Direktvermarktung von Rindfleisch eingegangen.

***Fleischrinder und Mutterkuhhaltung.*** *Dr. G. Hampel. 2., verb. Aufl. 1995. 201 S., 118 Fotos u. Zeichn., 63 Tab. ISBN 3-8001-4532-4.*

Nur Milchrinderhalter mit einem hohem Wissensstand können heutzutage gute Betriebsgewinne erzielen. Sie müssen allerdings - unter optimalen Bedingungen - die Leistung der Milchkühe steigern und versuchen, krankheitsbedingte Verluste zu vermeiden. Dieses Buch geht die große Problematik des verstärkten Leistungsdrucks auf die einzelne Milchkuh an, es beschreibt die Körperfunktionen und Ursachenkomplexe der verschiedenen Fruchtbarkeits- und Gesundheitsstörungen sowie zahlreiche unterschiedliche Maßnahmen zur Abhilfe und Vorbeugung.

***Fruchtbarkeit und Gesundheit der Rinder.*** *Gesundheitsmanagement in der Rinderproduktion. Prof. Dr. K.-H. Lotthammer, Dr. G. Wittkowski. 247 S., 33 Farb-, 134 sw-Fotos u. Zeichn., 74 Tab. ISBN 3-8001-4525-1.*

Für die Milchviehhaltung benötigt man umfangreiche Fachkenntnisse. Dieses Buch ist sehr praxisnah geschrieben und vermittelt leicht verständllich das nötige Grundwissen für eine artgerechte Tierhaltung.

***Milchviehhaltung.*** *Dr. H. Mackrott. 1994. 218 S., 18 Farbf., 80 sw-Fotos u. Zeichn., 38 Tabellen. ISBN 3-8001-4529-4.*